彩图版

自然地质景观

戚光英 编著

Wuhan University Press
武汉大学出版社

前 言
PREFACE

　　我国幅员辽阔，地形复杂，具有丰富的自然地理、自然气候、自然遗产、自然风景、自然名胜、自然人文等，有着非常的独特魅力与深刻内涵。

　　我国地形丰富多样，平原、高原、山地、丘陵、盆地五种地形齐备。其中，山区面积广大，约占全国面积的三分之二。复杂多样的地形，形成了我国复杂多样的自然地理。

　　我国属于季风性气候区，冬夏气温分布差异很大。全国冬季气温普遍偏低，南热北冷，南北温差较大，有着各具特色的自然气候。我国绝大多数河流分布在东部外流区，内流区河流较少。南方外流河流量大，水位季节变化较小，汛期较长，含沙量小，无结冰期。北方河水流量小，水位季节变化较短，含沙量大。

我国自然资源十分丰富，以名山秀水、密林草原等最为重要。有挺拔的泰山、衡山、华山、恒山、嵩山、黄山、庐山、雁荡山等名山，有奔腾的长江、黄河、黑龙江、松花江、雅鲁藏布江等大河，还有桂林山水、长江三峡、杭州西湖、无锡太湖、海南三亚、云南大理、丽江、西双版纳和台湾日月潭等，还有热带密林、辽阔草原、众多名胜古迹等，它们都闻名世界自然景观。

　　祖国江山如此多娇，自然风光绚丽多彩，非常值得我们喜爱与自豪。因此，我们要满腔激情地去欣赏她、歌颂她、赞美她，我们要热爱我们的伟大祖国。为此，我们特别编辑了这套《中国自然景观丛书》。该书主要包括自然遗产、地理、景观、土地、地质、山脉、水文、名胜、生态、动物、植被、森林等景观内容，知识全面，内容精练，图文并茂，形象生动，通俗易懂，能够培养我们的爱国热情，具有很强的可读性、欣赏性和知识性，是我们广大读者了解中国、增长知识、开阔视野、提高素质、激发爱国情感和学习自然地理的良好读物，也是各级图书馆珍藏的最佳版本。

目 录

CONTENTS

5

山水盆景——佛子山

　　佛子山风景名胜区位于福建省政和县城东部的外屯乡境内，与周宁县、寿宁县毗邻。景区位于武夷山东南麓，处在环太平洋大陆边缘构造岩浆带中的我国东南沿海中生代火山岩带，是火山猛烈爆发的产物。景区地质遗迹类型多，地质环境奇特，它以高耸的峰丛、巨大的崩塌堰塞、完整的火山复活剖面、完好的遗存至今展现在人们面前。

　　佛子山景区范围面积137平方千米，由地下、地面及立体空间组成，东至旺楼，西至蛙岩，北至铜盆山，南至镇前鲤鱼溪，分为狮峰核心景区、旺楼二级景区、七星溪二级景区、铜盆山景区。狮峰核心景区又划分为狮子岩景区、笔架山景区、佛子岩景区、天生岩景区、磐石景区等。

　　佛子山风景区突兀而奇特的地质景观堪称华东一绝。178米高罕见的狮峰巍峨险峻，翘首云天，形神兼备。狮峰周围有成片的原始次生林，自然环境优美，其峰顶是绝佳的观景台。

　　景区的标志性地质景观佛子岩，巧夺天工，惟妙惟肖。因其与夫妻岩的组合中极像佛家弟子而得名。其周围奇峰林立，植被丰茂。它与弥勒岩、望鹰岩、悬柱岩等构成一座天然山水盆景。

　　险峭峻拔的笔架山，峰峦奇特。临坡面崖高230余米，因峰峦酷似笔架而得名。这里山峰耸立，峭壁悬崖，地貌奇特。笔架山林木茂盛，古树葱郁，从不同角度解读此峰，景色更为美妙。

除了上述三座主体山峰外，其他的山峰、岩石、石洞等景点还有43处。佛子山风景区的峡谷与溪、瀑、潭、湖景观让人心旷神怡。

梅子坑百米瀑布垂高百余米，水从绝壁断崖顶冲出，犹如白链长垂、银河挂落，有崩云裂石之气，锐不可当，其隆隆之声，尽显大自然之磅礴之势。下有深潭，潭水翠绿、碧波荡漾。

位于狮峰景区中的佛子岩景区中的三级瀑布，由崖顶呈三级往山底潺潺而下，周围植被茂密，仿佛大自然在鸣奏迎宾之曲。蛙岩瀑布宏伟壮观，在巨石间飞泻而下，层层叠叠，变幻多姿。

七星溪贯穿佛子山整个风景区，集雨面积达150平方千米，河道水量极大，水流平缓，河道水深，水质清澈。沿河两岸河堤柳浪闻莺，鸟语花香，竹林片片。

佛子山风景区内云海、雾涛气势磅礴，变幻莫测，四季皆宜。每当旭日东升或夕阳西下，常见万顷云海涌起，澎湃翻腾；而由于地势东高西低，佛子山晚霞景观更为壮丽多彩，云彩时而如水晶般晶莹，时而如烈火般燃烧，奇峰变幻不定，天地融为一体。严冬时节，狮峰景区偶有降霜和下雪，此时，海拔1000米以上的高山雪白晶莹一片，树枝倒挂冰凌，树林常形成白蒙蒙的"雾凇"奇景。

佛子山风景区的生物景观珍稀多样，还保留着大面积优美的原生天然林，物种资源丰富，林相景观优美。其古树资源丰富，或孤植、或成林成片。

树种丰富，主要有南方红豆杉、银杏，竹柏、油杉、柳杉、穗花杉、三尖杉、杉木、香樟、楠木、钩栗、南酸枣等许多珍稀树种。

景区内有集中成片的高山杜鹃林、零星分布的梅花、山樱花和四照花等。独特的树石相依，狮峰、母狮峰等石笋状石峰顶部成片的奇松生长于奇峰怪石之中。

佛子山还有许多古洞奇穴，山洞多、山洞怪异是佛子山的一大特点，山洞成因有以下几种类型：

9

一是裂隙型洞穴这类山洞是水流沿裂隙流动，把裂隙渐趋扩大而形成，这类山洞狭长而深不可测，如山羊洞、鹰嘴洞等，深不见底，神秘莫测。

二是火山熔岩洞穴。这类洞穴生在岩壁和岩槽中，是火山岩钙碱性包裹体和围岩风化的差异性及水流作用下形成的洞穴。如肚脐洞、水帘洞、蝙蝠洞、天洞、鬼洞等，这类山洞高悬崖壁，形态精巧，似仙人雕琢，巧夺天工。

三是河湖沉积砂砾岩类洞穴，这类洞呈洞和岩槽形式成群分布在崖壁上。这些洞穴岩槽形态各异，有的像嘴巴，诉说着佛子的沧桑地质历史；有的口小肚子大像葫芦，这葫芦还真不知道装的是什么药，洞内有蛇窝，有鸟窝，有松鼠窝，有虫子窝，给人以神秘感。有些洞是岩石错落崩坍形成的，如将军洞；有些洞的成因是砂砾岩石含可溶性钙质矿物；有些洞是虫子性分泌物腐蚀形成。

四是堆石洞。这类洞是叠石间空隙多，堆石体下空隙相互连通，形成洞中有洞、洞套洞，有数千米长，人进入其间好似进了地下迷宫。有的山洞洞室大，洞中冬暖夏凉，是消暑的好去处。

佛子山的瀑布是静的山与动的水的结合，流水不仅是佛子山的造型师，自身也成绝景，瀑、溪、涧、潭、湖俱全，尤以瀑布为一绝。佛子山瀑布多为条形飞流，悬空而泻，因风作势，绰约多姿：梅子坑瀑布白练当空，气势磅礴；蛙岩瀑布类似壶口胜似壶口；珍珠瀑布空悬百丈，紫气横生；三折瀑和散水瀑溅珠泼玉一波三折落天崖；天成岩瀑布，多姿绰约，随风作势。

瀑布是因为岩石的抗蚀性不同而形成的。当流水从抗蚀性岩石向下冲击下层的弱岩石时，低抗侵蚀性的弱岩石不断被掏空，位置后退下陷形成瀑布。佛子山山美，水美，石更美，象形石数量之多、形态之逼真，实属罕见。

小知识大视野

佛子山景区主要有以下几个方面的特点：

一是狮峰火山地貌核心区，主要功能是自然地貌观光、生态旅游休闲；二是七星溪二级景区，主要功能是水上游乐、蛙岩地质遗迹参观；三是旺楼二级景区，主要功能是古文化遗产观赏，突显古墓群、古树王文化氛围，同时可观赏旺楼山水风光；四是避暑度假区，以稠岭度假区为中心向村镇辐射，可以观看镇前镇、杨源乡的鲤鱼溪、鲤鱼冢、倒栽柳、中华红豆杉的王中王、坂头花桥台等。

碧水映丹山——福建泰宁

　　福建泰宁世界地质公园，位于福建省西北的三明市泰宁县，其中丹霞地貌面积占公园总面积的一半以上。这个地质公园是以典型青年期丹霞地貌为主体，兼有火山岩、花岗岩、构造地貌等多种地质遗迹于一体的综合性地质公园。

　　泰宁世界地质公园主要由石网、大金湖、八仙崖、金饶山四个园区和泰宁古城浏览区组成，自然生态良好。其中石网园区、大金湖园区及八仙崖园区的龙王岩、大牙顶景区为丹霞地貌，金

饶山园区为花岗岩地貌，八仙崖园区的白牙山景区为火山岩地貌。

泰宁世界地质公园公园经历了漫长而复杂的地质演化历史，晚三叠世以来，公园一直处于太平洋板块和欧亚大陆板块的相互作用的影响下。从晚侏罗世至早白垩世，公园发生了较大规模的火山爆发和岩浆侵入。

晚白垩世以来，公园在崇安——石城北东向断裂带和泰宁——龙岩南北向断裂带的控制下形成了断陷盆地，沉积了以砂砾岩为主的红色岩层。晚白垩纪后地壳全面抬升，重新活动的断裂切割岩层，使它们产生了裂隙和升降差异，经过水蚀雨淋、风化崩塌，昔日的岩石化作了今日的天然美景。

峡谷极其发育是青年期丹霞地貌的最主要特征。多期构造活动形成的复杂断裂系统加上流水作用，雕塑了地质公园沟壑纵横的地貌景观。由多处线谷、巷谷和多条峡谷构成的峡谷群，以其峡谷深切、丹崖高耸、洞穴众多、生态天然为特色。它们有的纵横交错，有的齐头并进，有的九曲回肠。人们进入公园，就可见到或直或斜、或宽或窄的各类峡谷，感受到峡谷形成的过程。

泰宁地质公园内水系发达，属闽江上游支流，主要水系有金溪及其濉溪、杉溪、铺溪三条支流，汇集于泰宁。蜿蜒曲折的中年期河流与峡谷陡峭的幼年期河流相结合，是区内河流的基本特点，公园内以发育深切的峡谷曲流为特色。深切曲流深邃幽长，两岸丹崖高耸，赤壁对峙，一派奇险峻伟的景象。

泰宁地质公园内的湖泊主要有金湖、小金湖、九龙潭及金龟寺堰塞湖等。山因水而雄，水为山而秀，湖光山色相映成趣泛舟湖上，碧水映丹山，无不令人心旷神怡。泰宁丹霞地貌区森林覆盖率高、水源充沛，丹崖瀑布极为发达，只要有断崖切割溪流的地方，都发育有瀑布。

瀑布规模大小不等，形态各异，有金龟寺叠瀑、水际瀑布、龙井瀑布等数十处。其中以线瀑、叠瀑为多而且最美，它们是地质公园的一道靓丽的风景线。水际瀑布是大金湖的一处胜景。其中最为壮观的当属金饶山景区白石顶西南山麓的龙井瀑布，总落差达300多米，常年流水不断。

泰宁地质公园内丹霞洞穴数量之多、洞穴群的规模之大、洞穴造型和组合之奇特、洞穴的可观赏性之罕见，堪称"丹霞洞穴博物馆"。洞穴大者可容千人，小者不足寸余，拟人拟物、拟兽

拟禽、造型奇绝。

　　无数奇洞镶嵌于赤壁之中，或层层套叠，或成群聚集，蔚为壮观。宽窄不一、动静不同的水体景观与丹霞地貌及良好的生态环境相互融合，造就了"水上丹霞"奇观。湖面宽阔，碧波粼粼，湖中有山，山中有湖。溪水在峡谷中蜿蜒曲折，漂流其中如在画中游。潭水平静，丹霞矗立，仿若世外桃源。

　　寨下大峡谷景区是泰宁世界地质公园大金湖园区的重点景区，为泰宁"申世"专家考察评审的重点科考景区。大峡谷景区位于杉城镇与大田乡交界处的际溪村，因该景区似一条巨龙盘卧而得名。

　　该景区处在福建邵武至广东河源的地质断裂带上，是在距今约6500万年的裂陷盆地的背景下形成和发展起来的青年时期的丹霞地貌峡谷景观。其深邃幽长，丹崖斑斓，奇险峻秀，谷内植物茂密，藤萝攀岩附树，流水潺潺，恍若世外桃源。

其主要地质景观有丹霞洞穴、巷谷、线谷、赤壁、石墙、孤峰、石柱、崩塌堆积、堰塞湖、穿洞、板状交错层理、漂砾和石钟乳等。

其主要景点有问天岩、三仙岩、祈天峡、倚天剑、佛足岩、金龟爬壁、天穹岩、翠竹湖、云崖岭、金龙线谷群、金龟寺叠瀑、线瀑、华夏第一藤、千年柳杉王和千藤壁等。

猫儿山，又名猫儿兽石。只见它孤峰突起，高耸入云，酷似蹲坐山巅的巨猫，于十里开外都能清楚地看到那逼真的形象。猫儿山之趣，可见三剑峰刺入云霄，金猫山踞天窥世，仙女峰举目望去，一山三态，不愧是丹霞地貌之杰作。登顶鸟瞰，宛如置身画卷，波光粼粼，三湖争辉，水上丹霞，令你游目驰怀。曲径入山，秀姿幽静动人，苍藤老树，山花蔌蔌，林阴筛风，清新宜人。

状元岩景区坐落在泰宁县城北郊长兴村的上清溪下码头侧，因宋庆元二年（1196年）状元邹应龙早年在此读书而得名。这里山藏千古丹霞，岩蕴旷世奇杰，一语道出了状元岩的神韵。这里山涧幽谷，天风松韵，峰架文笔，崖晒经文，山盘龙虎，神龙出海，状元及第，山川与人物互相辉映，自然与文化彼此渗透，被誉为"地灵人杰的丹霞圣地"。

　　状元岩景区分5个小区，80多个大小景点，是探幽访古的胜地。整个景区都隐藏于原始密林间，高大的苦槠，苍劲的古松，飒爽的青岗栎，杂花生树，枝叶萋迷，藤蔓交织，还有山涧潺潺汇流成溪，山泉淙淙跌落成瀑，环境清新优雅。

　　千奇百怪的赤石群也造就了千变万化的丹霞奇观，逼仄狭长的一线天，横空出世的大赤壁，精巧灵致的小岩洞，宽敞明亮的大岩穴，绵延数里的山体，互不依傍的悬崖，都巧妙地汇集在一处，令人叹为观止。

　　九龙潭景区位于金湖上游的上青乡境内，与上清溪、状元岩相毗邻。九龙潭景区原名叫黄龙岗，因有九条蜿蜒如龙的山涧水注入潭中，故得名"九龙潭"。

　　九龙潭景区的主体景区是由丹霞地貌构成的丹霞湖。潭内丹

霞突兀，峭壁林立，蝉噪空谷，十分清幽宁静，恍若置身世外。水在这片丹霞里低回百啭，一弯一景，一程一貌，获得了另外的灵动与美，形成我国最长的水上丹霞一线天。

漂游其间，清、静、奇、野等元素完全无缺地融合，亲山、亲水、亲氧、亲心情，天地间有种亲密的情致乐在其间。

九龙潭丹霞地貌发育十分完整，有的像苍穹覆盖，有的像泽龙蛰居，有的弯如新月，有的狭长似船，有的如粉黛，有的似红唇，千奇百怪，蔚为大观，是水上丹霞的精品。主要景点有应龙峡、猩猩望潭、猊面人、玉龙崖、龟趺岩、飞龙洞、根包石等40余处。

上清溪景区位于泰宁东北部，金湖的上游。它得名于道教，"上清"是道教"三清境"即太清、上清、玉清之一，后来被广泛用于指"仙境"。漂游上清溪最大的感受就是如同进入了人间仙境，让你飘然欲仙，超凡脱俗。

上清溪主要景点有"鲤鱼跳龙门""金钟长鸣""五老看仙""阳光三叠""孔雀开屏""栖鹰崖""落霞壁和"和"海市蜃楼"等。

上清溪深藏于群山幽谷之间，融汇桂林漓江的水、武夷山的山、张家界的景、九寨沟的色彩、三峡的险峻于一峡。顺筏而下，溪流蜿蜒在重峦叠嶂的赤石翠峰之间，弯多、滩急、峡逼，真是千回百转，山重水复，别有天地。

泰宁地质博物苑以地质名人大道、地学科普展馆、泰宁奇石、古典园林为特色。博物苑包括室内地质展馆和室外园林景观两部分。

室内地质展馆主要是通过音像、文字、标本、模型等形式向

公众介绍地质知识，讲述泰宁地质公园的概况、形成背景及典型的丹霞景观；室外则有园林景观、地质名人大道、广场、景观防洪堤、游览步道、水上丹霞微缩景观、雕塑等。

公园所在的泰宁古城及园区附近，历史悠久，文化积淀深厚，人文景观资源丰富，具有较高的美学欣赏价值和历史文化价值。

泰宁素有"汉唐古镇，两宋名城"之美誉。全国重点文物保护单位尚书第、世德堂是至今保存最为完好的明代江南古建筑群；甘露寺建造工艺精湛，是我国寺院建筑史上的一大杰作，闻名中外。

千百年来的泰宁历史衍变，都与神奇奥妙的丹霞岩洞息息相关。众多的丹霞洞穴，有的成了僧尼修行的圣地，有的成了学子苦读的净土，孕育了泰宁的人文历史，彰显出泰宁深厚的文化积淀，形成学子文化、岩寺文化、隐逸文化、穴居文化、崖葬文化等独特的丹霞洞穴文化群落。

小知识大视野

状元岩，与上清溪山水相互缠绕，唇齿相依，是泰宁岩穴儒学文化及泰宁世界地质公园的代表性景区。南宋状元邹应龙少年时曾背负斗米，凿石攀岩，在这里苦读五年，尔后不仅状元及第、龙行天下，而且被尊为一方神圣，名垂千古。

其后历代儒学仕子，纷纷师法前人，在岩穴中读书论道。时过千年，邹应龙当年苦读的遗迹尽管雨打风吹，但"此处书声通帝座"的千古美谈，以及亘古不变的灵气风水，却始终吸引着无数游客来此焚香凭吊，祈求前途宏运。

闽山第一洞——玉华洞

玉华洞位于福建省将乐县城南天阶山下，是福建最大的石灰岩溶洞。玉华洞誉称"形胜甲闽山，人间瑶池景"。玉华洞总长10 000米，主洞长2500米，被誉为"闽山第一洞"，是我国四大名洞之一。

玉华洞之所以被称为玉华洞，是因为洞中的石钟乳莹白如玉，华彩四射。据说这洞中原本全都是白色的，自宋代以来，就不断有人进洞游览，这洞壁就是被火把熏黑的。

　　玉华洞，在雨过天晴后曾出现华光。雾气在阳光和灯光的照射下如梦似幻，变化莫测。玉华洞每一处景观都被人们赋予美丽的名字。形象最为逼真有"苍龙出海""童子拜观音""鸡冠石""瓜果满天""峨眉泻雪""擎天巨柱""马良神笔""嫦娥奔月""瑶池玉女"等。

　　洞内有两条通道，由藏禾洞、雷公洞、果子洞、黄泥洞、溪源洞、白云洞等六个支洞和石泉、井泉、灵泉三条深不及膝的小阴河组成。洞内小径盘曲，钟乳石优美多姿，有180多个景点，均为石灰岩溶蚀而成。

　　"鸡冠石"是玉华洞的洞标，型如鸡冠，呈倒三角形的巨石上，其底部还有石基，俨然一块呈列展台上的宝石。玉华洞入口在山脚下，名为"一扇风"；出口则在山顶，叫作"五更天"，可以使人体验到由昏暗转为光亮的景色。

玉华洞形成于2.7亿年前，由海底沉积的石灰熔岩经过三次地壳运动的抬升和亿万年流水的冲刷、溶蚀、切割而成，属典型的喀斯特地貌景观。如今它正处于发育生长期，是一处胜景天成、如梦如觉、自然幻化的人间仙境。

玉华洞于汉初被人发现洞的进口和出口处岩壁上保留不少宋以来的摩崖石刻。宋代著名理学家杨时，民族英雄李纲曾游此洞，明代地理学家徐霞客称赞说"此洞炫巧争奇，遍布幽奥，透露处层层有削玉裁云之态"。

幽深的玉华洞是实施洞穴疗法的"天然医院"，洞内温度长年保持18度，凉风习习，空气清新。其前洞空气在洞内受冷下流往前洞喷出，前洞口的风力强达4级，构成闻名的"一扇风"，令人心旷神怡。

洞内充满丰富的游离子，泉水饱含丰富的微量元素，其环境对于气管炎、关节炎疾病有良好的疗效。

走进洞门，阴风乍起，凉飕飕的令人有点不寒而栗，真是"一扇风"。洞内小径盘曲，处处是神奇的景观，奇形

怪状的钟乳石，惟妙惟肖，形状优美。身入其境，令人深感大自然鬼斧神工之精妙，诡异而神秘。

"瓜果满天"是由纠结饱满的钟乳石布满整个洞厅的顶部，斜挂而下，如荔枝，如菠萝，如葡萄……五颜六色的灯光打在上面，真是美不胜收。

"峨眉泻雪"四周都黑是漆漆的洞壁，乍然洁白一片，却又沟壑分明，如同雪满山崖，令人流连忘返。

小知识大视野

传说古代将乐有金华、银华、玉华三洞，都是奇巧壮观的洞府，洞中景致吸引着不少官绅士民前往观光。很久以前有个皇帝出游银华洞，在洞里丢了还魂带、金扁担两样宝贝。

此后，达官贵人争相来里游玩，既看景致，也想碰运气捡到那两样宝贝。如此一来，当地百姓可倒了霉，吃喝招待要摊派钱粮，田地都荒芜了。大家一气之下，一个晚上就把金华洞洞口和银华洞洞口封住了。从此，那里只剩下玉华洞一个好景致了。

山灵水秀——上饶灵山

灵山地处江西省上饶市上饶县北部，灵山跨越上饶北部的茗洋、湖村、清水、汪村、石人、望仙、郑坊和华坛山等乡镇，西接东北部横峰县葛源镇，北面与德兴市饶二镇接壤，地处三清山、圭峰、龙虎山和武夷山四个国家级风景名胜区中间，是四山辐射的交织点。

约8亿年前的震旦纪早期，灵山地区开始沉降，形成了多层重要的含矿构造。矿藏有花岗石、萤石、水晶、钨、锡、铜、铅、锌、铌、钽、钒、稀土、磷、重晶石、石煤等。

矿藏以花岗岩、铌、钽、钒等储量最多，其中花岗石储量约五亿立方米。著名的品种芝麻白、上饶红、望仙绿等不仅纹理和色彩美观，而且具有抗压、耐磨、耐酸等特点。这里水晶最为珍贵，并且开发历史悠久。灵山水晶有白色、茶色、墨绿色三种，尤以茶色和墨绿色最为珍贵。

水晶瀑布位于水晶山景区之东南隅，在石屏、水晶诸峰的下面，集石屏峰的龙池水、水晶峰的潮水及其他山泉于一潭，再从潭口溢出而形成了瀑布。因其位于水晶峰下，而且"飞泻映日，远望之若水晶"，因此而得名。

　　迷仙坛是一块数千平方米的高山台地，传说仙姑因迷路，而夜宿于此，故名迷仙坛。迷仙坛被四周锯齿形的山峰环抱，有奇峰、怪石、龙泉、古寺等诸多景点。

　　迷仙坛中部有一岩洞，由两块手掌形巨石合成，洞高丈余，内部空间近20平方米，石称观音合掌石，洞称迷仙岩。洞中有天然石神龛，供奉迷仙像，常有山民到此祀拜。

　　华表峰位于甑峰西，此峰圆形，上下一般粗大，高达百余米，峰壁平削光滑，人不可登，仰视至帽落才能见其顶，峰体条纹纵横，峰间石缝中长有古松。华表峰四周山峦重叠，而华表峰却是鹤立鸡群。

　　南峰塘是一个台地，台地似盂，集百谷、岩前诸峰的山泉成塘，水清见底，波光粼粼，群峰倒映，故名南峰塘。

　　南峰塘四周绝壁如削，仅有古人开凿的东西两条古道可登，由岩底古道拾级而上，沿途可赏神蛙鸣耕、老妪浣纱、飞天神龟等怪石。

由神蛙石再拾级往上，岩前、百谷两峰被一雄关紧锁，关口狭小，仅容一人通过，故先人建成此关后命名天险关。进入天险关也即进入了南峰塘腹地。

夹层灵山在灵山西脉。单峰西驰至甑峰，继续西行形成一块高山台地，史称东台，当地人称"夹层灵山"或"山外灵山"。

上夹层灵山，山道崎岖，绝壁险峻，四周青峰数以百计。有猫儿翻甑峰、天女散花峰、华表峰、猫鹰峰等。台地上横卧、斜出、卓立、倒挂着万千颗奇石。夹层灵山上，峰峰有泉，怪石下处处有泉。

太极岩位于东台峰南面平溪峡谷中，此处怪石成群，丛林茂密，以太极岩为中心的一平方千米范围内岩洞密布。

太极岩是峭壁中一块巨石向东南方向悬伸而形成，洞口矮窄，需躬身方能入内。岩容宽敞，圆若巨球，岩壁缝线和凸起部分，似太极之双鱼图，故名"太极岩"。太极岩洞内有洞，洞洞相通，并呈八卦方向排列，进岩探寻，极容易迷失方向。

灵山峰高壁峻，隘口众多，大部分隘口处都有飞瀑直泻而下，其中以茗洋乡境内的居多，三叠瀑布、回龙瀑布和无盘墩玉阶瀑布等都是灵山上较有名的瀑布。因其位于灵山东部，故统称为"东灵瀑布群"。东灵瀑布群瀑布之多实属罕见。

圆墩峰位于灵山西脉睡美人之秀鼻处，峰圆似墩，浑然一体，故名圆墩峰。圆墩峰南北悬岩万仞，石缝中横长的古松，形状各异。

圆墩峰因峰岩皆异，奇，险合一，为历代释道高人云游之地。明代建有三仙宫于绝顶，凿壁为墙覆以铁瓦，供三仙神像。

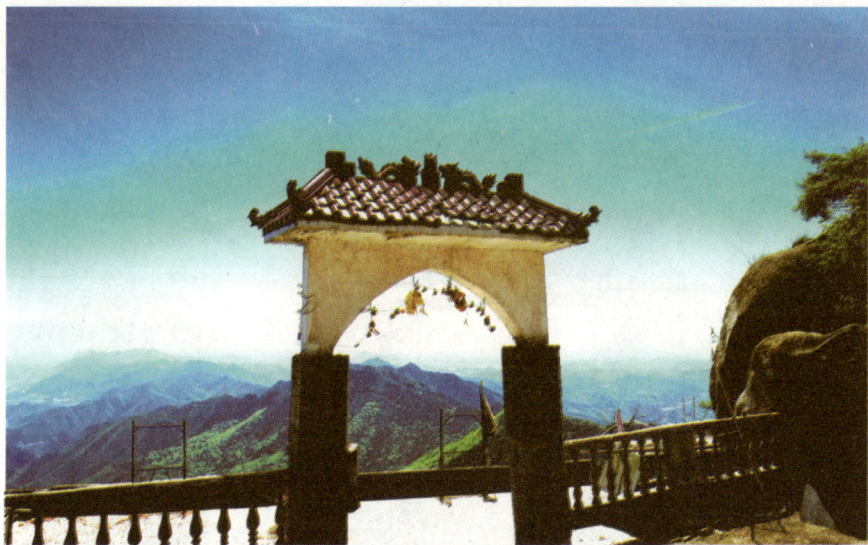

　　峰腰间有磴道，当地居民常登峰膜拜。传说曾有不肖道徒，猥亵进香少妇，宫宇立即倒塌，三仙即化成三只巨鸟飞去，今此处尚存残壁。

　　峰北石壁上，有人物花鸟岩画，画中有一巨大箭头向山湾指去，传说是黄巢留下的藏宝图。峰下有古道，宽可列骑而行。

　　天梯峰位于老鸦峰南，为灵山最高峰，峰脊有天然石阶如天梯，故名。明贡生周绍斗游此峰时写有"抠衣携履上天梯"诗句。峰顶之上，怪石数以万计。

　　天梯峰虽有天然石梯，但险处却猿猴难攀。传说北宋名将孟良在险处凿石百级，并刻石以志。该题刻因经年的雨剥风蚀，现在已经不可辨认。

　　世永亭位于水晶峰顶，因建此亭费工3000有余，落成后命名为世永亭。世永亭由花岗岩条石砌成，顶成拱形。顶及两旁覆以泥土，西北东南走向，两侧有两条石凳，远望如穿山岩洞。因著名的水晶岭古道在此穿洞而过,南北坡的乡民以及山货贸易的人常成群结队在亭内小憩。

水晶岭古道侧是灵山最长、最高、岁月痕迹最深的一条花岗岩石级古道。古道全程15千米。水晶岭古道沟通灵山南北,贩运粮食、山货、土纸等物品进出均靠此道,因此此处乡民来往络绎不绝,辅助挑担的"打杵"笃笃有声。

道士仙峰原名拥笔山,位于上饶县望仙乡儒源村,北宋皇上敕封为道士仙峰。东汉初平元年,胡超随伯父胡昭南下至邑之灵山,胡昭隐于卜谷峰养真岩,胡超隐于拥笔峰,均在隐居之地精研道学、筑炉炼丹,他们为名噪一时的道教真人。

胡超常云游各地,传道施药,仙去后,被晋武帝封为"胡公真人"。今胡超炼丹遗址尚存。

小知识大视野

东汉末年,三国纷争,河南颍川名士胡昭隐居陆浑山中,潜心道学。曹操屡聘胡昭为中书令,胡昭婉言拒之,并悄然南下,隐于灵山百谷峰之养真岩,继续悟道,采药煮茗,并结炉炼丹,以济乡人沉疴。

251年,胡昭无疾而终。乡人称胡昭已得道成仙,并建祠塑像祀之。胡昭专注自身修炼,不收徒传道,他但仙逝后屡受皇封,影响很大,并有刘太真、李德胜等信仰道教的朝廷命官步其后于祠中立化成仙,故老百姓称他为灵山道教之始祖。

海边最美山——太姥山

　　太姥山位于福建省福鼎市正南，挺立于东海之滨，三面临海，一面背山。太姥山北望雁荡山，西眺武夷山，三者成鼎足之势。

　　相传尧时老母种兰于山中，逢道士而羽化仙去，故名"太母"，后又改称"太姥"。闽人称太姥、武夷为"双绝"，浙人视太姥、雁荡为"昆仲"。

　　太姥山风景区分为太姥山岳、九鲤溪瀑、晴川海滨、桑园翠湖、福瑶列岛五大景区；还有冷城古堡、瑞云寺两处独立景点。太姥山风景区拥有山峻、石奇、洞异、溪秀、瀑急等众多自然景

观，以及古刹、碑刻等丰富景观。

太姥岩石为粗粒花岗岩，属燕山晚期地质史中生代白垩纪的产物，距今9000万年左右。由于地壳的变动，海洋上升，东西南北与近水平三组互相垂直的向节理发育，形成一条条纵横交错的峭壁、山峰、山洞。又经千百万年的风雨剥蚀，流水冲刷，就慢慢地形成今天的突兀的奇峰和怪石。

太姥山是由花岗岩构成的峰林山地，遍布着100多个岩洞，这些洞穴曲折幽奇，别具特色，引人入胜。

著名的有葫芦洞、将军洞，一线天、滴水洞、七星洞、一片瓦、犀牛洞、白马洞、鸿雪洞、蝙蝠洞、福成洞、韦陀洞、莲花洞和龙潭洞等。

大都岩洞都有天光泻漏、明蝉相间之景。有的洞穴是洞连洞、洞套洞，神奇莫测。有的洞内可望海观日，有的洞内石景连绵，有的洞内有暗泉明瀑，有的洞内还生长着奇花异草。到处都是景色迷人，令人神往。

葫芦洞和将军洞在葫芦洞景区，葫芦洞形似葫芦，洞室宽大，可容千人，面积2000平方米，有"世外桃源"之誉。宋代曾在此处建有楼阁，今已无存。洞中生长着空谷兰、凤兰等名花，暗香浮动，满穴馥郁。

将军洞因其顶有三石似将军的鞋、帽、剑而得名，该洞由10多个洞穴相连组成，人称"将军十八洞"。另外，还有"三线天""回音洞""洞中听泉"等胜景。

"三线天"是两块巨石压顶，似坠未坠，惊险万状。顶部有一条裂隙，形成三线蓝天，阳光照人，满穴生辉。

　　"回音洞"是一条狭窄暗道，迂回曲折，上下盘旋，人行洞内，前后不见，但能相互呼应，虽相隔几十米，其声犹似近在耳边。"洞中听泉"声如佩玉，故古人称为漱玉洞。若遇大雨过后，泉水如瀑，轰鸣激荡，令人心悸。

　　太姥山地处我国东南沿海，雨量充沛，山中溪涧较多，山清水秀，植被丰茂。山上多奇花异树，如空谷兰、云雾草、感触树、相思林、五色杜鹃、绿雪芽茶等，更为山景增色不少。而东望大海，蓝天与碧海共妍，岛礁同港湾并美，使人领会"山增海阔，海添山雄"的意境。其中尤以山西麓的九鲤溪风景更佳，九鲤溪又名赤溪，源出柘荣县东山，有13条支流潆洄于太姥山岭之间，沿途分布着20多个景点。溪流两岸青山逶迤，绿树葱茏，怪石林立。中间碧水澄澈，峰峦倒映，水波涟漪。

在浅滩处河底卵石纷陈，游鱼可数，周围还有小玉女峰、"迎仙船""仙童望日""观音坐莲"等美景，环境优美，犹如一个"童话世界"。

冷城在太姥山东麓，系一山间村寨，自明嘉靖年间起，当地人民为防御倭寇侵扰，筑有城堡一座，设东、南、西门，北依崖壁。城内有东西向街道一条，卵石铺路，傍依清溪。街道两侧民居和小巷参差排列，建筑古雅，乡风淳朴。城内还有宋代泗洲文佛石屋、三官堂、猴仙宫、史楫象祠等古迹。

宋代石屋位于东门内，其须弥座上雕有人物、鸟兽图案，造型古朴，形态生动。

冷城在南宋曾是文人荟萃之地，著名的史学家郑樵、理学家朱熹都曾在此聚众讲学，设帐授徒。朱熹还在此创办过"石湖书院"，并自撰门联"溪流石作柱，湖影月为潭"。

灵峰寺在冷城西侧的翠薇峰下，始建于860年，宋时称"兰溪寺"，又名"小灵峰"。该寺经历代整修扩建，颇具规模。寺内有大雄宝殿、藏经楼、念佛堂、斋堂、花圃等建筑。

太姥山的风景很美，而太姥山的雪景更是引人入胜，每逢冬

天最冷的时候，漫山遍野，银装素裹，分外美丽。

晴川海滨景区，位于太姥山麓，由分布在晴川湾海域、跳尾湾海域的沙滩和岛屿组成，海域面积约40平方千米。海上波光粼粼，渔帆片片，鸥鸟点点，姆屿、日屿、跳尾、七星等岛屿，如翡翠镶嵌在蓝缎般的海面上。

福瑶列岛景区，由大嵛山、小嵛山、鸳鸯岛、银屿、岛屿、观音礁等11个岛屿和9个礁石组成，总面积24.5平方千米。岛上气候适宜，风景秀丽，昔称福瑶列岛，其喻义为美玉福地。

嵛山岛由大嵛山、小嵛山、银屿、岛屿等11个岛屿和9个礁石组成，面积25平方千米，岛上气候宜人，风景秀丽，在海拔200米高的岛顶，有常年不竭、水淡且洁的"海上天湖"。

岛上还有万亩天然草场，游人可在烟波浩渺的东海上，体会"风吹草低见牛羊"的大草原意境。

大嵛山岛，为闽东第一大岛。岛上风光旖旎，有天湖泛彩、

蚁舟夕照、沙滩奇纹、南国天山、海角晴空等胜景。在碧波万顷的东海之上，海拔200米处，镶嵌着大小两个湖泊，因而这里素有"海上天湖"之称。湖周群峰环拱，其状似盂，嵛山岛由此得名。天湖水质甜美，清澈见底，幽蓝凝碧的湖水沁人心脾。

小知识大视野

在传说中，太姥娘娘的故事发生在尧的时代，她是农家女子，因种蓝人称蓝姑。

某年麻疹流行，蓝姑梦见一仙翁告诉她，去山中找一种山茶树，采叶煮水喝即可治。蓝姑便去峰峦云雾间找到一种绿叶有白毫的山茶，采来煮水给患儿喝，果真有效。蓝姑便教乡亲都这么做，患儿都好了。

尧帝感其圣德，封其"太母"，乡民们则尊称她"太姥娘娘"。

丹霞之最——鳞隐石林

桃源洞景区位于福建省永安市城北的燕江畔，是包含自然及人文景观的丹霞地貌风景区。景区由桃源洞、百丈岩、修竹湾、葛里、栟榈潭五大景区组成，共有100余处风景名胜和人文古迹。

桃源洞山水秀丽，属丹霞地貌，有"小武夷"之称。桃源洞位于城北沙溪上游栟榈潭两岸，因古有桃林百亩，山涧流泉，桃花夹岸，漂流映红而得名。这里群峰叠翠，丹霞峥嵘，沙溪宛若一条银练镶嵌在万绿丛中。

桃源洞素以奇、绝、险、幽称著，胜景有"洞岩湾山七十三，碧水丹崖四望回"，即桃源洞18处，百丈岩13处，修竹湾11处，栟

桐山31处等景区和73处胜景。

桃源洞非洞，系拔地而起的山岩，中裂一隙，仅留天光一线。只因这里曲径通幽，别有洞天，故获此美名。洞口绝壁上有万历年间两郡司马陈源湛取"世外桃源"之意所书的"桃源洞口"四个大字。

景区内最为著名的景点有：桃源洞口、锁洞桥、观音大仕殿、一线天、飞来石、跨虹桥、望象台、阆风台、三寨门等。

最绝妙的景点当属被上海吉尼斯评为世界最狭长的"一线天"，一座巨大的山体仿佛被砍刀从上至下齐整劈开，仅留悬崖一缝，长120米，高90米，宽仅盈尺，最窄的地方游人只能屏住呼吸侧身挤过。攀行时，两边巨石紧压左右，游人唯见头上一线天光。

尤其是一线天，悬崖断裂，一隙通明，窄处仅容一人侧身而过。徐霞客三游其地，在游记中称誉道："余所见武夷、黄山之一线天，都未见若此之大而逼、远而整者。"一线天被称为"福建三绝"之一。深入其中，宽处可两人并肩而行直上"云梯"。

一线天的形成是由于地壳运动，岩石逐渐上升，经挤压形成的一条缝隙。这条缝隙称为地质节理。岩层表面这一节理缝隙最容易受流水侵蚀，形成了与节理走向完全一致的平直狭窄的深

沟，即形成"一线天"这一奇特的丹霞地貌景观。

桃源洞风景区"一线天"达六条之多，这在国内同为丹霞地貌景观的景区中为数不多，也是桃源洞最为佳绝的景观。

桃源洞始于宋而盛于明，据记载，南宋高宗时，栟榈村人左正言邓肃和宰相李纲因反对议和、竭力主战而被罢官后，两人游栟榈山。

明代，安砂举人陈源湛捐资修建亭台楼阁18处，并在洞口峭壁36米高处刻"桃源洞口"，每字两米见方。

这座丹崖赤壁气势雄伟，是桃源洞景区引人注目的景观之一。这种景观是由于砾砂岩重力崩塌及风化片状剥落作用而产生悬空面，再加上流水的长期侵蚀，便形成了向内凹的巨大岩壁。

桃花涧流经桃源洞、百丈岩风景区，两岸峭壁夹峙，因古时两岸长满桃树而得名。涧水时宽时窄，时缓时急，玲珑剔透，迂回莫测。沿涧而行，听着"叮叮咚咚"的泉声，随着路转峰回的变换，折折有景，景景翻新。这里仿佛是世外桃源，形成国内罕见的清幽风景，是桃源洞风景区的精华所在之一。

一横跨桃花涧的石拱桥叫锁洞桥，桥的柱上盛着大桃子。此桥横贯幽谷，两岸桃树成林，颇有几分诗情画意。特别是桃花开时，可见小桥流水、桃花夹岸、漂花满涧，徜徉其间，韵味无穷。

望象台是一块突出的岩石，极像树丛中露出的大象前额，长长的鼻子向下延伸，像要吸吮沙溪河的河水这里是看大象的上佳位置，因而称为"望象台"。

望象台浑圆平整，这种浑圆型的峰顶，是因为丹霞地貌岩墙崩塌后形成岩柱，又因岩柱在热力的作用下，做大规模"球状风化"而形成。

站在望象台，放眼四野，远山如黛，近岭滴翠。修竹湾、葛里风光尽收眼底，沙溪河宛如一条闪亮的缎带，缠绕在群山碧岭之间。观音岩、龟山，惟妙惟肖，令人心旷神怡。

仙人棋盘这块岩石平整如盘。相传，仙人常降临这里对弈下棋。岩壁上刻的这两个篆体字叫"奕台"。奕台边上这摇摇欲坠的石头，风吹石动，名曰："飞来石"。岩壁上还有摩崖石刻"化极磐"三个字，带有佛教语的味道，意思是进入幻想中的灵变超脱境界。

栟榈山景区包括葛里、修竹湾、栟榈潭三部分，位于沙溪河西岸。修竹湾静谧幽雅，葛里山峰峻峭，栟榈潭碧波浩渺。主要景点有石头城、走马岩、降仙台、大峡谷、马鞍背、栟榈书院、九姑泉、太极洞、接仙桥、栟榈书院、栟榈寺、观音岩、双寿桃、睡美人等。

鳞隐石林奇石林立，为奇特的喀斯特地貌，它位于城西北的大湖乡，包括洪云山石林、翠云洞、寿春岩、十八洞、石洞寒泉等。

景区内千姿百态的溶洞、溶沟峰丛、石林和钟乳石柱，造型各异。景观特点可分为外景、内景、侧景、远景。外景绚丽多姿，内景似地下迷宫，侧景壮观别致，远景风貌如画。

鳞隐石林历史悠久，据《延平府志》记载："大湖有山，峭壁险峰，峰峦耸秀。"清雍正年间，这里由赖晓千、赖允升兄弟发现并开发，并在石林建造书院和亭、阁等。

风洞是一块巨石下沉形成的洞，进入洞中，便有一股清凉的风扑面而来，故称风洞。洞的右上岩壁刻有"环玉"两字，所以它又有"环玉洞"之称。环玉意为洞内岩石如玉一样上乘美好。右侧有首诗，由于岩石下沉，这首诗只能看到下半部分。

徐霞客曾游览过此洞，在游记中写道："有飞桥架两崖，上下壁前，悬空而度，峰攒石裂，岈然成洞。"

一峰突起，犹如仙鹤顶，峰顶屹立一亭，似如凤冠，因此而得名凤冠亭，边上岩石刻有"鹤顶"两字，也有人叫"凤冠鹤顶亭"。

沿小径穿过一片灌木林，眼前豁然开朗。放眼四周，远近的山峰起伏不断，层层叠叠，犹如一幅清新脱俗的水彩山水画，这就是叠彩台。立于台上，极目远眺，远处有一座红瓦白墙的建筑位于陡峭悬崖的半山腰，那便是百丈岩景区的马氏仙姑庙。马氏仙姑庙是永安市香火最旺的庙宇之一。

小知识大视野

跨虹桥是明万历年间陈源湛所建，是至今保存最完整的古迹之一。岩壁刻有"跨虹桥"三字，因其颜如丹色，形状似彩虹而得名。

古人修建跨虹桥有独具匠心之处：第一，工艺之精湛，难度之高，令人赞叹，俗称天桥；第二，俯瞰跨虹桥下，沙溪河水碧波荡漾。几叶小舟，几只鸬鹚整齐地站在船头上，颇有几分江南水乡的意境；第三，倚栏遥望远山叠翠、群峰竞秀，丹崖比妍，令人心驰神往。

世界大峡谷——长江三峡

　　长江三峡是万里长江的一段山水壮丽的大峡谷,为我国十大风景名胜区之一。它西起重庆奉节的白帝城,东至湖北宜昌的南津关,由重庆瞿塘峡、重庆巫峡、湖北西陵峡组成。

　　长江三峡国家地质公园,既有我国南方距今32亿年前形成的最古老的变质岩基底,又有记录自晚太古宇以来地壳和古地理演化历史的完整的地层剖面和所发育的各门类化石,以及重大构造

地质事件和海平面升降事件所留下的记录。包括国内外著名的震旦系层型剖面，我国众多岩石地层单位的命名剖面，还有后期新构造运动及河流、岩溶、地下水和风化作用所塑造的峡谷、溶洞和河湖景观以及地质灾害的记录。

长江三峡是世界上少有的集峡谷、溶洞、山水和人文景观为一体的天然地质公园，是一本学习地壳演变历史的教科书，是探索大自然奥秘，展示多种峡谷、岩溶地貌的殿堂，是进行科普教育、了解长江演变和学习中华民族悠久历史和文化的摇篮。

在长江三峡的地质构造中，其中宜昌黄花场和王家湾的地质构造，被国际地层委员会和国际地质科学联合会确定为"金钉子"。所谓"金钉子"是全球地质时间点划分的唯一标准。

目前，全球有60个"金钉子"，我国有七个。在相距不到20千米的范围内拥有两个"金钉子"，属世界罕见。

　　长江三段峡谷中的大宁河、香溪、神农溪的神奇、古朴，使三峡景色更加迷人。

　　三峡两岸高山对峙，崖壁陡峭，江中滩峡相间，水流湍急，由于这一地区地壳不断上升，长江水强烈下切而形成三峡，因此水利资源极为丰富。长江三峡建成了世界上最大的水利枢纽工程——三峡工程。

　　瞿塘峡，位于重庆奉节境内，是三峡中最短的一个峡，也是雄伟险峻的一个峡。入口处，两岸断崖壁立，相距不足一百公尺，形如门户，名夔门，也称瞿塘峡关，山岩上有"夔门天下雄"五个大字。

　　瞿塘峡又称夔峡，西起奉节白帝城，东至巫山黛溪，在三峡中以雄伟著称。峡口夔门南北两岸峭壁千仞，如刀砍斧削一般，江流涌于狭窄江道之中，呈现出"众水会涪万，瞿塘争一门"的壮观景象。

瞿塘峡山势雄峻，上悬下陡，如斧削而成。其中夔门山势尤为雄奇，堪称天下雄关，江水至此，水急涛吼，翻云滚浪。瞿塘峡北岸一处黄褐色悬崖上，有战国时代遗留的悬棺洞穴。南岸粉壁崖上的古人题咏石刻，篆隶楷行，造诣各殊，刻艺精湛。

瞿塘峡虽短，却能"镇渝川之水，扼巴鄂咽喉"，有"西控巴渝收万壑，东连荆楚压摹山"的雄伟气势。古人形容瞿塘峡说，"案与天关接，舟从地窟行"。

白帝城历史悠久，在奴隶社会时期，这一带曾是巴、蜀两国的领地，并于公元前1016年建为夔子国。封建社会时期，这里一直都保持着行政和军事的显赫地位。唐时设夔州府，辖19个州县。

白帝城境内有世界最大的小寨天坑、世界最长的天井峡地缝、世界级暗河龙桥河、我国十大风景名胜之一的长江三峡第一

峡的瞿塘峡，有我国历史文化名胜白帝城、刘备托孤的永安宫、诸葛亮的八阵图、瞿塘峡内的摩崖石刻、悬棺群等自然与人文景观，构成了分别以白帝城瞿塘峡和天坑地缝为中心的两大特色。

巫峡西起重庆市巫山县大宁河口，东至湖北省巴东县官渡口，峡长谷深，迂回曲折。这里奇峰嵯峨连绵，烟云氤氲缭绕，景色清幽之极，如一条美不胜收的画廊。巫峡包括金蓝银甲峡和铁棺峡，峡谷特别幽深曲折，是长江横切巫山主脉背斜而形成的。

巫峡幽深奇秀，两岸峰峦挺秀，山色如黛；古树青藤，繁生于岩间；飞瀑泫泉，悬泻于峭壁。峡中九曲回肠，船行其间，颇有"曲水通幽"之感。

巫峡又名大峡，以幽深秀丽著称。整个峡区奇峰突兀，怪石嶙峋，峭壁屏列，绵延不断，是三峡中最可观的一段，宛如一条迂回曲折的画廊，充满诗情画意，可以说处处有景，景景相连。

巫峡中的巫山"十二峰"被称为"景中景，奇中奇。"清人许汝龙"巫峡"诗中说："放舟下巫峡，心在十二峰。"巫峡以巫山得名，幽深秀丽，千姿百态，宛若一幅浓淡相宜的山水国画。

峡谷两岸为巫山"十二峰"，由西向东依次为登龙、圣泉、朝云、神女、松峦、集仙六峰。南岸也有六座峰，但江中能见到的依次为飞凤、翠屏、聚鹤三座峰，其余净坛、起云、上升三座峰并不临江。

巫山"十二峰"中，以神女峰最著名，峰上有一挺秀的石柱，形似亭亭玉立的少女。它每天最早迎来朝霞，又最后送走晚霞，故又称"望霞峰"。

据唐广成《墉城集仙录》记载，西王母幼女瑶姬携狂章、虞

余诸神出游东海，过巫山，见洪水肆虐，于是"助禹斩石、疏波、决塞、导厄，以循其流"。水患既平，瑶姬为助民永祈丰年，行船平安，立山头日久天长，便化为神女峰。

西陵峡滩多水急，其中的泄滩、青滩、崆岭滩为著名的三大险滩。西陵峡 西起香溪口，东至南津关，历史上以其航道曲折、怪石林立、泽多水急、行舟惊险而闻名。西陵峡的主要景观，北岸有"兵书宝剑峡""牛肝马肺峡"，南岸有"灯影峡"等。

随着葛洲坝和三峡大坝的修建，长江河道昔日宽谷上出现的"高峡平湖"景色则另有一番风味。与此同时，伴随长江水位的提高，长江沿岸许多支流，如神农溪、香溪、建阳河、九畹溪、泗溪等异军突起。

除了峡谷外，峰林和溶洞也是公园中另外两个重要的地质地貌景观。它们集中分布在巴东三叠纪碳酸盐岩和黄陵穹隆周缘震旦纪和寒武纪碳酸盐岩地层分布区。前者形成著名的格子河风景区和莲峡河风景，后者则构成高岚风景区、黄牛岩风景区、晓峰风景区和金狮洞风景区的奇观。

按照行政区划和地质遗迹景观地质体形成的地质年代，公园进一步划分为秭归元古代园、西陵峡震旦纪园、新滩地质灾害园、巴东三叠纪园、归州侏罗纪园、宜昌白垩纪园、兴山晚古生代园、黄花奥陶纪园和晓峰寒武纪园九个次级园区。

崆岭滩，是长江三峡中的"险滩之冠"。滩中礁石密布，枯水时露出江面如石林，水涨时则隐没水中成暗礁，加上航道弯曲狭窄，船只要稍微不小心即会触礁沉没，于是有民谣说，"青滩泄滩不算滩，崆岭才是鬼门关"。

长江三峡，人杰地灵，它是我国古文化的发源地之一。大峡深谷，曾是三国古战场，是无数英雄豪杰的用武之地。这儿有许多名胜古迹，主要包括重庆白帝城、黄陵、南津关孙夫人庙等。

小知识大视野

相传在五六千年前，神州大地发生了一次特大水灾。当时，部落首领尧派鲧去治理洪水，结果以失败告终。尧终舜继，舜又派鲧的儿子禹继续治理洪水。

禹从江州东下来到了三峡，便开始疏浚三峡的工程，即凿开了堵塞江水的巫山，使长江之水能够顺畅东流。然后，他又凿开瞿塘峡"以通江"，开西陵峡内的"断江峡口"，终于使长江顺利地通过三峡，向东流注大海，解除了水患对长江中下游的威胁，而上游的四川盆地终成粮仓，号称"天府之国"。

丹霞地貌瑰宝——崀山

　　崀山位于湖南省南部与广西壮族自治区交界的新宁县，南靠桂林，北部与张家界相呼应。

　　相传当年舜帝南巡路过新宁，见这方山水美丽，便脱口而出："山之良者，崀山，崀山。"因此，舜老爷子就造了这个"崀"字，良山为崀。

　　崀山自然景观独具特色，多奇异的石头山峰、幽深的溶洞。资江上游的扶夷江蜿蜒贯穿南北，这里风光如画，有桂林的美丽、青城山的幽静及泰山的雄奇。

崀山有出土的10万年前的猕猴头骨化石，4500年前的新石器文化遗址，历代农民起义的古战城堡，晚清重臣的宗祠墓葬。这里汉、瑶、苗、壮民族杂居，民族风情异彩纷呈。

古今文人墨客在这里写下了不少脍炙人口的华章诗赋，著名诗人艾青也发出了"桂林山水甲天下，崀山山水赛桂林"的咏叹。

崀山的丹霞地貌是我国丹霞景区中发育丰富程度和品位最有代表性和最优美的景区。完整的红盆丹霞地貌，全国第一。这里是一座天然的丹霞地貌博物馆，被地质专家们赞誉成为"丹霞瑰宝"。

崀山丹霞地貌造型惟妙惟肖，栩栩如生，同类异型，各具情态。该地貌跌宕起伏动感强，一景多姿，移步换形，形色气质和谐协调，青山、绿水和红崖交相辉映。

例如天下第一巷的高和长，八角寨的惊险，亚洲第一桥跨度的宽，蜡烛峰的陡峭，红华赤壁的艳丽，将军石的俊俏，骆驼峰的形状等在同类地貌中绝无仅有，具有极高的美景观赏价值。

　　崀山境内地质结构奇特，山、水、林、洞要素齐全，是典型的丹霞峰林地貌，在国内风景区中独树一帜。景区内丹霞地貌类型多样，集高、陡、深、长、窄于一体，汇雄、奇、险、幽、秀于一身，尤其是一线天、天生桥这些很难发育的地貌奇观，崀山就多达十余处。

　　"崀山六绝"可以称为崀山著名的景观。

　　第一绝是天下第一巷：位于天一巷景区，全长238.8米，两侧石壁高120~180米，最宽处0.8米，最窄处0.33米，可谓世界一线天绝景。

　　第二绝是鲸鱼闹海：位于八角寨景区，俯视峡谷，浮云缥缈，奇峰异石时而露出头尾，恰似千万条鲸鱼在海中嬉戏。

　　第三绝是将军石：位于扶夷江景区，海拔399.5米，石柱净高

75米，周长40米，沿扶夷江漂流而下只见将军石背负青天，下临扶夷江，昂首挺胸，披星执锐，虎虎生威。

第四绝是骆驼峰：位于辣椒峰景区，峰高187.8米，长273米，有两处凹陷，分成骆驼头，骆驼背峰和骆驼尾，形象逼真，惟妙惟肖。

第五绝是天生桥：桥墩长64米，宽14米，高20米，桥面厚度5米。全桥呈圆拱形，划天而过，气势磅礴，被誉为亚洲第一桥。

第六绝是辣椒峰：位于辣椒峰景区，高达180米，头大脚小，恰似一只硕大无比的辣椒。

八角寨又名云台山，主峰海拔814米，因主峰有八个翘角而得名，丹霞地貌分布范围40多平方千米，其发育丰富程度及品位世界罕见，被有关专家誉为"丹霞之魂""品位一流"。其山势融"泰山之雄、华山之陡、峨眉之秀"于一体。景区中的眼睛石完全出自于大自然的鬼斧神工，栩栩如生，形神毕肖。

伸向八方的八座山峰有六座山峰在湖南，两个在广西。在长达10余千米幽深莫测的峡谷中，它们构成了一座天然的艺术长廊。

大自然的变幻无穷，也带给八角寨不同形态的美。八角寨最陡峭的一角，在寺院遗址北面，峰尖似昂首翘立的龙头。这里常年云雾弥漫，山风怒号，四周险崖壁立，深谷如坠。

就在这奇险无比的翘角顶端，竟有一座山神小庙。烧香者必须手足并用，匍匐前进，这就是著名的"龙头香"。其惊险令人叫绝。唯心诚胆大者才敢去"龙头"烧香。

辣椒峰景区主要有辣椒峰、骆驼峰、林家寨、鹅公寨、蜡烛峰、一线天和龙口朝阳等景点。

进入辣椒峰景区，首当其冲的是林家寨一线天，正午时分，阳光从上面射进缝隙，斑斑驳驳，五彩缤纷。

林家寨旁边有两座非常漂亮的峡谷，情人谷和幽魂谷。两谷对峙，谷底幽深，清寂肃穆。

骆驼峰由四座石峰组成头、躯、脊、尾，错落有致，形象非常逼真。骆驼峰旁有"蜡烛峰"，形似一支红色蜡烛直插云霄，该峰顶尖身圆，四周陡崖，挺拔巍峨，是丹霞地貌少有的奇特景观。

与骆驼峰遥遥相对的辣椒峰凌空突兀，直上直下，傲视群峰。辣椒峰呈赤红色，远观像一只硕大无比的红辣椒，俗称"仙椒钻地"。

天一巷景区原名牛鼻寨景区，因其东面有许许多成双成对形似牛鼻的石孔而得名。

"巷"是此景区的特色，以"天下第一巷"为代表的大小"一线天"有九条，是典型的丹霞地貌一线天群落。其主要景点有天一巷、遇仙巷、马蹄巷、遇仙桥、仙人桥、百丈崖、月光岩等。

　　天一巷东南角有翼王石达开驻过军的义军寨，至今前后寨门、寨墙依稀可辨。此外，纵横交错的马蹄巷、遇仙巷、翠竹巷巷窄境幽，两旁翠竹依依，令人流连忘返。

　　天生桥景区紧临广西，是崀山景区近年来新发现的最具特色的景区之一。区内山环水绕，群峰横列，赤壁对峙，万巷迷离，约有近50平方千米的大面积丹霞赤壁群景观，景观资源特色鲜明，个性突出。

　　发源于广西猫儿山的扶夷江是崀山人民的母亲河，其水域贯穿崀山风景区，游山、玩水均具有得天独厚的条件。

　　浑然天成的将军石屹立于扶夷江东岸低缓平坦的山顶，它是一座由山体丹霞地貌发育到晚期形成的石柱。该石柱上下等粗，顶部稍细，远观酷似一位身披战袍、仰天长啸、虎虎生威的将军。

　　翠竹满坡的扶夷江西岸有一啄木鸟石，栩栩如生。其石由一悬崖构成，一块倾斜的长石，宛如尖啄，头部圆孔如双目怒睁。崖上兀立一树，嘴挨树干，好像一啄木鸟正在啄洞除虫。

与啄木鸟遥遥对峙、隔江相望的是军舰石，其气势恢宏，三块巨石横亘东西方向，翘首夷江，犹似舰船编队出航。

紫霞峒景区包括紫霞宫、万景槽、紫微峰、红华赤壁、乌云寨、刘光才墓、紫霞轩、象鼻石和红瓦山等景点。这里环境优美，植被繁茂，山石奇特，峰回路转。该景区以峒幽林深、溪涧瀑布、象形山石、宗教寺庙为特色。

崀山气候属于亚热带湿润季风气候，四季分明，气候宜人。扶夷水常年水流不断，清澈见底。这里植被茂盛，生长着许多珍稀名贵的物种，有"植物熊猫"银杉、珙桐、国家一级保护动物华南虎、云豹、锦鸡、灵猫、大鲵等，生态环境非常优越。

小知识大视野

有人说，紫霞峒是崀山的一个诱惑。峒，非岩洞，而是四周山石围拱，一方有壑口出入的盆型谷地。紫霞峒则是一条曲径通幽的峡谷，周围有红褐色的悬崖峭壁，夕阳斜照，反射出万道霞光，数百年来这里因紫气腾升而得名。

踏入景区，溪流淙淙，瀑布飞溅，翠枝摇曳，山花吐香。但见岩顶古藤盘缠，岩底冷气横生。相传这里是"紫霞真人在此修道"之所，清澈见底的莲花池来自于一挂清泉，暴雨时此处水盈尺，久旱而水不竭。

西来第一山——崆峒山

　　崆峒山位于甘肃省平凉市城西，东瞰西安，西接兰州，南邻宝鸡，北抵银川，是古丝绸之路西出关中之要塞。

　　景区集奇险灵秀的自然景观和古朴精湛的人文景观于一身，具有极高的观赏、文化和科考价值。自古就有 "西镇奇观" "崆峒山色天 下秀"之美誉。

　　"崆峒"一词，一般注释为"山名，在甘肃境内"。最早见于春秋时期成书的《尔雅》一书记载："北戴斗极为崆峒。"平凉崆

峒山正位于北斗星座的下方，即为所指。

又《史记·赵世家》《姓氏考》等记载，有商代始祖契的后代分封于崆峒，遂以国为姓。崆峒山为当地一座名山，故以姓命山名。

崆峒山是六盘山的支脉，属于上三叠系紫红色尖硬砾岩构成的丹霞地貌。

根据地质学家的考证，在中世纪发生的一次强烈的造山运动中，使今日崆峒山及东北、西南一带产生了一个山间盆地，雨水不断冲刷的黏土、砂石积聚到盆地中沉积，在高温高压的条件下，被胶结成紫红色砾石，成为崆峒山砾岩。

至侏罗纪初期，这个区域又受到地质运动的作用，地壳上升，产生许多新的沟谷和山峰，经过长期的风雨侵蚀，流水切割，形成了各种奇特秀丽的丹霞地貌。

崆峒山的丹霞地貌丰富多彩，以顶平、身陡和麓缓为基本特征，并且它还是迄今为止所发现的时代最古老的紫红色岩层所形成的丹霞地貌。

人文始祖轩辕黄帝曾经亲自登临崆峒山，向智者广成子请教治国之道和养生之术，黄帝问道这一千古盛事在《庄子·在宥》和《史记》等典籍中均有记载。

秦皇、汉武因"慕黄帝事""好神仙"而效法黄帝西登崆峒；司马迁、王符、杜甫、白居易、赵时春、林则徐、谭嗣同等文人墨客也留下了大量与之相关的诗词、华章、碑碣和铭文。

从秦汉时期开始，历代人们陆续兴建亭台楼阁，于是宝刹梵宫，庙宇殿堂，古塔鸣钟，遍布诸峰。

明清时人们把山上名胜景观称为"崆峒十二景"香峰斗连、仙桥虹跨、笋头叠翠、月石含珠、春融蜡烛、玉喷琉璃、鹤洞元云、凤山彩雾、广成丹穴、元武针崖、天门铁柱、中台宝塔。

近年来，新修了卧观平凉、观音堂、通天桥、飞升宫、王母宫、问道宫等景点，基本恢复了历来所称的"九宫八台十二院"中42处建筑群。

崆峒山，以其峰林耸峙，危崖突兀，幽壑纵横，涵洞遍布，怪石嶙峋，蓊岭郁葱，既有北国之雄，又兼南方之秀的自然景观，被誉为陇东黄土高原上一颗璀璨的明珠。

广成子曾修道于昆仑，后觉昆仑仙气有余而灵气不足，又闻女娲造崆峒，便云游至此。1000多年后，他修成至道，并用"翻天印"将崆峒与诸山相连，使崆峒既保持了北方的雄伟险峻，又兼容了南方的钟灵毓秀。

后赤松子驾鹤西行，见此山天经虽连，却地脉未通，便作法打通地脉。天连地通，使水有源而九曲流畅，山有根而百草传芳。此后，位于东台附近的山洞中便经常有玄鹤出没，人们称之为"玄鹤洞"。后人又于洞外建一堂，名曰"招鹤堂"。

黄帝为华夏始祖，生于山

东，居轩辕之丘，故称轩辕黄帝。黄帝降神农、败蚩尤，一统华夏，唯以未闻至道而为忧。闻崆峒山隐者广成子得至道之精而真风远照，于是他便沐浴斋戒三日，往而问之。

黄帝见广成子鹤发童颜，仙风道骨，便再拜稽首说"闻子远达至道，敢问其要若何？"

广成对答："善哉问也，夫道者，窈冥昏默。无视无听，抱神以静，形将自正。必静必清，无摇汝精，乃可长生。慎内闭外，多知为败。守其一，以处其和，故千二百岁，吾形未尝衰焉！"

广成子一席话，颇为玄虚。黄帝似懂非懂，但揣摩其意，似觉要人俭以养德，静以修身，淡泊以明志，宁静以致远，既静且远，乃可长寿。然而黄帝胸襟广阔，立志要为天下芸芸众生谋求福利。

他静悟三年后心领神会，于是设干支以计年月，著《内经》以疗百病，定刑律以惩恶扬善，兴农桑以丰衣足食，使人类从此由野蛮走向文明。后人感其诚，于东台建问道宫。该宫为崆峒山之山魂，至此崆峒山名声大震。

聚仙桥位于崆峒前山麓泾河河谷中，原有一巨石横跨泾河两岸，河水每被巨石阻拦，喷珠溅玉，景色壮观，是为崆峒十二景

之一的"仙桥虹跨。"

峥嵘山东峰，前临平泾公路，山前胭脂水和白泾河相会。望驾山突兀耸立，气势雄伟，站立峰顶，泾河川和平凉城尽收眼底。相传黄帝向广成子问道，山上云雾遮罩，虚无缥缈，大臣们在山前垒土相望，故称之为"望驾山"。

广成丹穴在望驾山北峰的绝壁上，这里悬壁如削，十分险要，人迹罕至，相传广成子居住于该穴中，炼穴修道。广成丹穴是峥嵘十二景之一。

三教禅林在望驾坪，地势平坦，环境幽寂。1939年，山东人刘紫阳出资，其弟子刘园阳主持，在此地修建大殿三楹，后由静禅、润明二僧主持，又称居士林。

问道宫也叫轩辕谷，位于峥嵘前峡，泾水北岸，背山面水，环境幽寂，人虽身居殿内，却听不到泾水涛声。相传这里是黄帝向广成子问道之处。

唐代这里已有建筑，元朝重修问道宫，今存有《重修问道宫碑》一通。明朝再次重修，使之成为一组庞大建筑群。

明代人唐龙《问道宫》诗说：

欲捉白蟾飞树梢，遍寻元鹤在云中，

荒凉栋宇聊停节，怅望当年问道宫。

崆峒山还是天然的动植物王国，有各类植物1000多种，动物300余种，森林覆盖率达90％以上。其间峰峦耸峙，危崖耸立，似鬼斧神工；林海浩瀚，烟笼雾锁，如缥缈仙境；高峡平湖，水天一色，有漓江神韵。

崆峒山丹霞地貌地质遗迹分布广，连片集中，规模宏大，气势磅礴，保存完好，极富特色，是国内丹霞地貌类型中形成时代较早的类型，是大面积黄土高原上独有的自然奇观，为研究该地区的地质构造、古气候、古地理环境的演化变迁提供了实物资料，对揭示广大黄土高原区分布的岛状基岩山的形成和发展规律具有重要意义。

小知识大视野

关于崆峒，有很多美丽动人的传说。

18 000年前，女娲娘娘见平凉居华夏之中，便选此地炼五色石补天。不想所剩太多，正愁没法处置，忽闻泾水潺潺，便灵机一动："有水无山，岂非美中不足！"

于是她用五色石精心装点，便有了崆峒山。此山夺天地之造化，蒙鬼斧之神工，气势磅礴，素有"西来第一山"之美誉。

水碧山幽——猛洞河

　　猛洞河风景区位于湖南省湘西永顺县境内的沅水上游酉水中段，自凤滩水电站建成后形成高峡平湖，上起不二门，下至龙门峡，全长100多千米。

　　平湖两岸石壁耸峙，古木参天，溶洞密布，怪石嶙峋。有龙门峡、观音洞、八音石瓜洞、金狮洞、鸳鸯峡、金蟾洞、断臂石、三月鼎寺、小龙洞、大圣峡、阴阳神风洞、猴儿跳、仙女峡、风流岩和老司岩等主要景点。

　　猛洞河有山有水，素有"九九八拐疑无路，五五潭滩一线天"之称。尤其是其漂流有惊无险，紧张刺激。

　　猛洞河为酉水最大的支流，源于桑植上河溪马鬃岭西麓和龙山的分水岭猛必村，相传源头有一猛洞，故称猛洞河。

　　两源在两河口汇合后，自柳树坪由北向南流经吴家寨，与自南岸入口的首车河合流。再转向东南至县城，与自北岸入口的连洞河合流。又转向正南流经于那子溪，与由东入口的牛路河合流，向西南流经列夕新码头注入酉水。

　　猛洞河景区主要景点有猛洞河漂流、芙蓉镇、老司城、小溪自然保护区、不二门、塔卧镇和土家第一村等。猛洞河整个风景

区都处在武陵山脉的环抱之中，它向西可望莽苍的云贵高原，向南可眺巍峨的雪峰山脉，东与浩瀚的洞庭湖相望，西与鄂西神农架毗邻。

由于所处的环境优越，造就了它集众山水之美而独成一体的旖旎风光。由于它的地质与桂林相似，再加上早先就形成的峡谷深涧，因而它既带有三峡之雄伟，张家界之神秘，又融漓江之娟秀，杭州西湖之温馨，确实是一幅天然的山水画卷。

猛洞河山清水秀，鸟语花香，峭壁高耸，古木参天，溶洞奇多。据了解，仅永顺县城至龙头峡一段，就有峡谷50多个，曲折100多处，溶洞300多个，树木500多种，鸟类190多种。猛洞河风景不愧是一个融山水、花木、虫鸟于一体的天然公园。

王村古镇在秦汉是为一山城，是土王的古都，故称王村。王村古镇不仅历史悠久，而且风景独特，镇上古色古香的2000余米

青石板长街，以及用青砖砌成的古城墙和土家族的吊脚楼，一切都是那么的古朴自然。

不二门雄踞在湘西永顺古城南约2000米的猛洞河畔。在天然形成的石门上方，镌刻着"不二门"三个夺人心魄的大字。依山傍水的峭壁夹道，荫蔽天日，终年幽寒。

观音岩是不二门内由石灰岩风化形成的一尊巨大石佛，耸立于万绿丛中，高六丈，青冠白面，头顶白云，脚踏碧水，人们以其形神称之为"观音岩"。我国地方志《永顺县志》称"观音岩素有'湘景名峰第一岩'之称"。

河水幽清澄碧，两岸石壁嶙峋。前方有一束似白纱的小瀑从断崖顶直挂下来，吊在绿茵茵的斜坡上，那就是哈妮宫瀑布。在左边笔直的石壁上有著名的社会学家费孝通先生题写的"天下第一漂"几个字。

山脚岩石是猛洞河特有的景色，水明石美，如一湾天然盆景，美石堆堆，水波摇影，有的像野马奔驰，有的如绵羊吃草，有的若猴儿捞月，有的似玉兔临空飘摇。这里岸边的岩石就如溶洞里的一样，琳琅满目，无奇不有。

所不同的是钟乳石长期裸露，都不同程度地蒙上了苔藓的绿色，一些绿草和灌木穿插其间，使自然光照的美与溶洞之美融为一体。

这里传说是古时候科洞毛人征战凯旋返回司城途中，百姓唱山歌，跳摆手舞，庆贺战斗胜利的场所。如今，附近的男女青年仍汇集于此，欢聚一堂，洗衣，撒网，谈笑嬉闹，更多的是对歌谈恋爱，因此此地又叫山歌台。

捏土瀑布上的漂流被称为一大奇观。捏土是土语，最美的意思。瀑布上面飞云走雾，下面一派烟雨，绿树葱茏，怪石嶙峋。捏土的奇妙在于水潭中的这两块石头。这石头嵌在水中，宛若沉舟，又似石屏。

这里有努力卡巴大王断船的故事。当初这两块石屏本为一体，后来不知哪山仙人在石屏上题七律诗一首，并说有谁能通读此诗，河中便献金船一首。说来也怪，一晃不知过了多少年，从此经过者千万，无人能通读。

有一天努卡巴大王乘舟经过此地，也想破石屏之谜。当地读出26字时，大王见远远的水潭中浮现一艘金船，高兴不已，心想再破两字金船就可到手，水中之物就会变成独家之宝、享不尽的富贵。

大王又破一字，字出船到，大王见金船已在眼前，惊喜若狂，不觉最后一字读错。随着错字音出，金船忽然离去，慢慢欲沉，大王见势不妙，忙拔剑去挑，不料金船断成两截，沉落潭中，变成两具彩石。大王百思不解，带着遗憾的心情离开了。

阎王滩峡而曲，凶且险，是一处易进难出的天然峡关。舟行其中时沉时浮，左右猛拐，浪花袭人，惊险刺激。此峡，原无旱道，又无栈桥，不知河情的人，往往望峡叹息，拨船回首而归，从此这里便有了回首峡这个名字。

落水坑瀑布上窄下宽，活似从天边撒下的一具银线网，是猛洞河最大的瀑布。它是一条水量丰富的小河，因为在此处突然失去河床的依托，水流便飞奔直下，临空跌落到底下的陡坡上，然后呈弧形展开，直飞到司河。此瀑布近观滔滔，涸雾朦胧，凌空习坠，漫天飞珠，奔腾直下。

梦思峡谷中的无数细流从绝壁上檐直垂河面，挂满了峡谷，形成一条瀑布长廊。一缕缕，一丝丝，一串串，宛若银丝晶莹透明。瀑布下面是一些奇形怪状、滑得出奇的石头露出水面，表面上青苔如茵，湿漉漉的，蓬松松的，像姑娘没有织完的绿色地毯。

谷中的渍石，塞在河心，在河水的映衬下，轻缓移动，安然而富有生机，瀑声如一群姑娘嬉笑逗闹"咯咯"不停。远离瀑布，瀑声又变得轻细，似情人蜜语没

完没了，所以取名梦思峡。

猛洞河漂流是景区中的一大亮点，这条河的两岸山峰林立，风景秀丽，使人赏心悦目。

一般漂流都是从离王村古镇10多千米的哈尼宫到猴儿跳一段，这里多险滩，水流较湍急，逼人的绿色，啁啾的鸟音，空灵的水声便和着峡谷里的野风扑面而来，浸淫你每一寸肌肤。

小知识大视野

古时候科洞出了个叫"科洞毛人"的土家汉子。他饭量大，力大无比，勇敢好斗善斗，而且极有心计，因此成了土司王魔下的"镇乱大将军"。

科洞毛人有个女儿叫哈妮，生得活泼灵巧，长得聪明过人，毛人将她视作掌上明珠。为了让女儿大气成才，科洞毛人就在这画山秀水之中修了座宫殿，请来先生教哈妮吟诗作画。人们便把这里叫做哈妮宫。

据说哈妮还曾经留下了一首描写哈妮宫的诗，诗中写道"绿水依青山，竹木掩瀑泉。清风拂鸟脆，鱼跃合水欢"。

东方圣山——四姑娘山

四姑娘山位于四川省阿坝藏族羌族自治州，由四座长年被冰雪覆盖的山峰组成，从远处看去如同头披白纱、姿容俊俏的四位少女。其中幺妹身材苗条、体态婀娜，常说的"四姑娘"就是指这座最高最美的雪峰。

四姑娘山由四座毗连的山峰组成。坐落在横断山脉的东北部，邛崃山脉的中段，四川省小金县和汶川县的交界处主峰幺妹峰，是邛崃山的最高峰，山峰主要由石灰岩构成。由于大自然常

年的风化剥蚀，使山体十分陡峻，刃脊上多悬崖峭壁。

四姑娘山的地表主要为中生代和古生代的砂岩、板岩、大理石、石灰岩与结晶灰岩组成。四姑娘山地处川西高原向东急速过渡到成都平原的交接带。

自中生代以来，以三叠纪的印支运动为主，经历了多次的构造变动，区内褶皱强烈，山体抬升，地层变质，老断裂复活，河流下切。这一切内外力的作用，造成了四姑娘山岭谷高低悬殊的复杂地形特征。

四姑娘山的东面有奔腾急泻的岷江纵贯而过，西有"天险"之称的大渡河。山谷地带气候温和、雨量充沛、山花遍野、溪流清澈，山腰冰川环绕，山顶地势险峻、白雪皑皑。

四姑娘山一带森林茂盛，气候宜人，为丰富多彩的动植物提供了良好的生存环境。

在海拔2500米以上地段有原始森林分布，以高山针叶林、针阔叶混交林为主体。这里出产的红杉、红豆杉、连香树等是四川特有的珍贵树种。在海拔3700米以上地段还有高山草甸分布。每当春夏之交，这里绿草如茵，繁花似锦，是良好的夏季牧场。

四姑娘山自然生态保护良好，植被茂盛，生物种类繁多。这里有金丝猴、牛羚、雪豹、小熊猫、毛冠鹿、藏马鸡、盘羊、黑熊等国家一二级保护动物30余种，有"雉类和画眉的乐园"之美称。举世闻名的卧龙大熊猫自然保护区就坐落在四姑娘山东坡。

四姑娘山的河谷地带还生长着核桃、苹果、梨和花椒等土特产品，是一个美丽富饶的好地方。

大姑娘山海拔4000米以下多为高山草甸，低处有灌木森林，野花遍地。这里随处可见牧民放养的牦牛与马，山上有大如碗盆的野生菌，味鲜无比。

二姑娘山位于小金县西，地处三姑娘山和大姑娘山之间，坐落在阿坝藏族自治州小金县和汶川县交界处，是横断山区邛崃山脉的高峰。

二姑娘山有一种火热挚诚的美，每到夏季，漫山遍野的绿树翠草将它装点得风姿秀丽。二姑娘山山尖险峭，峰顶狭窄如城堡，且终年积雪，更显得特别险峻。

三姑娘山，坐落于金县与汶川交界处，属于横断山区邛崃山脉。三姑娘山风景秀丽，地貌复杂，动植物资源丰富，其中以大熊猫最为著名。三姑娘山山峰尖削险峭，峰顶窄狭如城堡，而且终年积雪。这里群山环抱，奇峰连绵，林高草茂，是大熊猫的天然乐园。

四姑娘山幺妹峰海拔6250米，仅次于被誉为"蜀山之王"的贡嘎山，人称"蜀山皇后""东方圣山"。

双桥沟的得名是因为当地老百姓为了便于通行，在沟内搭建

了两座木桥，其中一座是由杨柳木搭建而成，俗称杨柳桥；另一座由红杉木搭建而成，俗称便桥。

双桥沟全长35千米。进入沟内，阴阳谷山势陡峭，曲折幽深，别有洞天。日月宝镜山、五色山、尖子山、猎人峰、鹰嘴岩、人参果坪、撵鱼坝、盆景滩和红杉林冰川等景致如锦簇画廊，令人流连忘返。加之山水相依，草木相间，云遮雾绕，置身其中，宛若仙境。

长坪沟沟口至沟尾长29千米，面积约100平方千米。在这条绿色长廊上，分布了21个观景点。长坪沟内的原始植物种类非常丰富，而且植被保存完好。成片的原始森林里，古柏高大挺拔，青松枝密叶茂，杉树、杨柳密密匝匝，遮天蔽日。

森林尽头，有一片草甸置于群山环抱之中，其间有一条溪流潺潺流淌，蜿蜒回转，俨然进入另一个世界。

海子沟因有星罗棋布的十多处海子而得名。海子沟空旷平坦，有原生草甸，阳面山坡的青杠灌木林中有各种菌类，其中有被称为菌类之王的松茸，其香味独特，其他菌类无法能比，并具有很高的药用价值，有防癌功效。

龙眼位于四川省四姑娘山深处，类似一个盆地，四周都是雪山环绕，山顶终年积雪，山腰处数十条瀑布飞流而下，小的几十米高，大的上百米。其中一处自山腰一洞中喷射而下，落入下面石台分成几股，再下再分，颇为壮观，其壮如龙吐水，故名"龙眼"。

四姑娘山的石棺古墓群位于小金县日隆镇长坪村，该墓群密集，排列规整，经初步推测，应为汉代氐羌人所为。墓葬掩埋方式为先挖一个长方形土坑，再用片石将坑的四面镶嵌成一个长方梯形，脚窄头宽，上窄下宽，墓盖则用片石叠压而成。

小知识大视野

四姑娘山被当地藏民崇敬为神仙。

相传有四位美丽善良的姑娘，为了消灭杀害父母和残害村民的恶魔墨尔多拉，保护人民难得的和平，与凶猛的妖魔 进行了英勇的斗争，最后变成了四座挺拔秀美的山峰，即四姑娘山。

四姑娘山由海拔6250米、5355米、5279米和5038米的四座毗连的山峰组成。坐落在横断山脉的东北部的幺妹峰，海拔6250米，是邛崃山的最高峰。

天然锦绣——普者黑

云南省的普者黑，是一幅奇丽秀美自然天成的锦绣。那呈带状的湖群，珠依璧连，繁星点点，若蓝天银河；碧波荡漾，波光粼粼，似仙女玉带，轻飘戏舞，珠光耀眼。

普者黑有着神奇的岩溶地貌和高原湖群。核心景区内共有16个湖泊，水质长年清澈见底。

在核心景区范围内，分布着多座峰林、峰丛和孤峰群。它们错落有致，形态各异，多姿多彩，奇秀迷人，山连山，水绕水，

山水相连，湖光山色浑然一体，蔚为奇观。更有甚者，山山有奇洞，洞洞流清水。

景区内大溶洞众多，主要有月亮洞、火把洞、观音洞、仙人洞。洞中石笋丛生，石柱林立，幽雅奇特，千姿百态，形形色色，是构成普者黑"仙境"的重要部分。

普者黑以独特的峰群、湖群、洞群、古老的民族风情等奇特的自然风光为一体，规模宏大，品位较高，组合性好，是我国独一无二的喀斯特山水田园风光。

这里有200余座石峰平地崛起，峰峰相对，全身披绿，百态千姿，或如蛤蟆、青狮，或似情人相对倾心。近山，又见绝壁悬岩，晃动于水影之中，犹如龙飞凤舞。

这里，山连水，水绕山，有山必有洞，有洞必有水。溶洞群中，月亮洞、火把洞、仙人洞、神怡洞等格外多娇，洞室宽阔，易入易出。洞内石笋丛集，怪石挺立，晶莹透亮，色彩斑斓，瑰丽多姿，形成了"怪石、异水、奇穴"的地下天然景观。

普者黑风景区景观独特，类型多样，内容丰富，具备了秀、奇、古、纯、幽的特点。

它是幽静秀丽的高原湖泊群，苍翠叠嶂的孤峰群，鬼斧神工的溶洞群及险恶的峡谷，壮观的瀑布，仙境般的云海，罕见的古代文化遗址，绚丽多彩的民族风情巧妙地融为一体的风景名胜区。这里景点多、范围广、容量大、环境质量好，自然景色与人文景观相映生辉。亲临观之，赏心悦目，心旷神怡。

普者黑湖水自然纯净，四季清澈见底，终年流淌而且平静无波，秋冬而温，春夏而凉。普者黑湖水自然柔美，清纯透亮，沐浴着它，就像沐浴着一汪玉液琼浆。

普者黑奇特的山，星罗棋布，有从湖水里钻出来的，有从田地里生长出来的，也有从四面八方蜂拥而至的。有的歪着头扭着腰撒娇，有的挺着胸昂着头炫耀。

　　普者黑的山与湖亲密无间，手牵着手，心连着心，犹如一对对恩爱夫妻，妻在水边洗衣，夫在一旁牧牛，双飞双宿，恩恩爱爱。

　　普者黑的村舍依山傍水，户连户村连村，红墙紫瓦，熠熠生辉。山是点缀村之翡翠，水是修饰村之碧玉。农田如诗如画，曲曲弯弯的是音符，青翠绿油的是音色，金光闪烁的是音质、是诗眼，奇妙的几何图案组合的是音律、是诗的意境。

　　村中袅袅炊烟扭动着腰肢与白云亲吻，夏天里，野生巨荷从湖水里悄悄探出头来，红着脸羞答答地偷看阿哥阿妹在荷丛中对歌谈情。秋风中稻田里棵棵金穗挽着轻风舞蹈。夜幕下彝家姑娘小伙在情人房里依偎缠绵，彝家大三弦在男人的怀抱里销魂，在女人的春心里开放。

　　普者黑，是一首意境十分俊美高雅的抒情诗，是一幅集山、

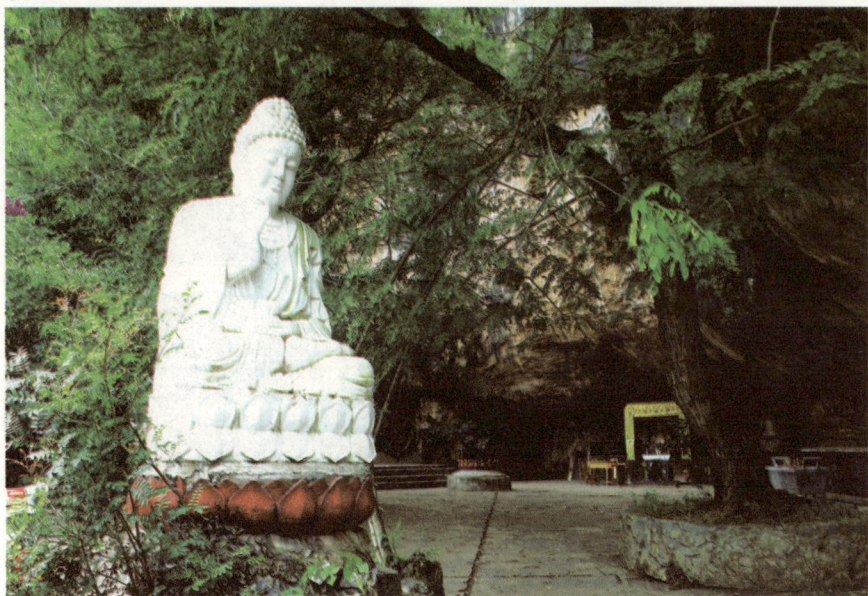

水、田园风光和民族风情为一体的罕见的锦绣，是一方人与自然和谐生长的乐土。

普者黑的荷花共有普者黑红莲、普者黑白莲、普者黑小洒锦、普者黑大洒锦四种，其中以小洒锦最为珍贵。这里生长着万亩野生荷花，花色洁白如玉，藕淀粉含量高，维生素含量多，莲子养生补体，属国内外的珍稀品种。

普者黑的野生荷花洁白如玉，摇曳于清波之上，似荷花仙子降临人间。万亩荷花均是野生，是目前世界上少有的珍稀品种。荷不受高低温气候影响，耐水深，六米之下也能生长。

所有荷花均为重瓣，最大花朵直径40厘米，花瓣最少也有75瓣，最多可达215瓣。花朵不会全朵凋谢，而是单瓣脱落，即使掉至最后一瓣，颜色仍鲜艳夺目。

每年七八月份正是荷叶繁茂莲花盛开的季节，满湖粉红色、洁白色的莲花把整个湖区装点得格外美丽，清纯又多情，点缀着大自然的和谐。

仙人湖位于仙人洞村西北，湖面呈北西南东向不规则展布，北端与普者黑湖相接，南端湖水流出汇入清水江。湖岸线曲折迂回，湖岸孤峰林立，有"雄狮卧波""仙女卧波""狮子山"等山峰立于湖面。

湖水明浩如玉，波光之下，串串水草随波荡漾，群群鱼虾若隐若现，水面野生荷花伴君同行，水鸟戏水，如在画中。

雄狮卧波位于仙人洞湖中，似一雄狮卧于水面，狮头是一峭壁，向西高昂，前后腿部分没入水中，狮身为茂密的灌木林所覆盖，满身翠绿，形象逼真。

仙人洞湖西北岸有一群石峰巧妙地组合，在天空的背景下剪出一幅仙女仰卧湖畔的动人画面，尤其黄昏日落之际为佳，"仙

女"秀丽的面庞、玲珑的曲线清晰可辨，她的身下，落日的余晖在湖面上散发出粼粼波光。

仙人洞位于仙人洞村，洞长918米，洞内景观密集，石钟乳、石柱、鹅管、石幔、边石盆等琳琅满目，千姿百态。

珍珠岛，又名火神山，为普者黑湖中一岛状孤峰。海拔1478米，峰顶高出水面约30米，故又将其称为"珍珠岛"。岛上杂木浓密，灌木覆盖，四季常青，登高俯视，宛如粒粒绿色的珍珠镶嵌在明镜般的湖面上。

火把洞位于普者黑大龙山北东麓，全长992米，与月亮洞相通。洞中有大大小小的厅堂，最大面积约600平方米；洞中有数个清潭，最大面积70平方米。

洞内石笋如林，钟乳石琳琅满目，颜色有白、黄等。洞内有

"人间天堂""天池""八百罗汉拜观音"等30余个景点。

月亮洞位于普者黑大龙山北东麓，洞体呈北西东向展布，主洞长483米，洞底平坦，次生碳酸钙沉积以钟乳石、石幔和石柱类为主。

观音洞原名白牛角石洞，位于普者黑青龙山南部的山脚洞口。观音洞中有宽敞的大厅，面积为600平方米，大厅四周分别为九个不同长度的溶洞，总长约500米，与月亮洞、火把洞相连。这里现雕有2000余件形态各异的观音雕像，被称为"东南亚最大的观音洞"，是展示观音文化的最佳场所。

普者黑湖位于普者黑村西，南接仙人洞湖，北连落水洞湖，长约3000米，湖两岸孤峰众多，北部湖面有三座俊秀的孤峰。整个湖面及四周视线开阔，孤峰错落分布，山光水色，美不胜收。湖内盛产鲤鱼、草鱼和鲫鱼，故得名"普者黑"。

小知识大视野

有一天，撒尼青年阿亮外出打猎，发现一只狮子在追杀一只受伤的梅花鹿，阿亮急中生智，救下了这只受伤的梅花鹿。原来小鹿是瑶池仙宫的荷花仙子，于是他们结拜为夫妻。

当王母娘娘得知此事时，就派天兵天将到普者黑捉拿荷花仙子。荷花仙子在临走前，从怀里掏出了珍藏多年的荷花丝帕抛向地面，荷花丝帕落到地面就成了万亩的荷花池。撒尼后人把阿亮与荷花仙子居住过的洞叫做"仙人洞"。

岩溶百科——九洞天

　　九洞天位于贵州省毕节市大方县城的猫场镇五丫村，景区内的河谷两岸自然植被非常丰富。其总面积约80平方千米，是乌江干流六冲河流经大方、纳雍两县之间的一段以伏流为代表的喀斯特熔岩综合地带。

　　在这一段的河道上，箱形切割顶板多出塌陷，形成了多个形状、大小各异的天窗状洞口，使得伏流一路明暗交替，组成集伏流、峡谷、溶洞、天桥、天坑、石林、瀑布、冒泉及钟乳石、卷曲石和生物化石等为一体的雄奇瑰丽的熔岩大观。因其天窗洞口共有九个，因此谓之"九洞天"。"洞口"周围都有奇特的熔岩景观，形成了风格迥异的伏流洞口风光。

　　景区内冬无严寒，夏无酷暑，空气清新，富含阴离子，林木大部分四季常青。景区内集中了几乎所有喀斯特地貌所特有的现象，有"我国岩溶百科全书"

及"喀斯特地质博物馆"的美誉。

一洞天"月宫天"为旱洞，内宽阔，是进洞的大厅，面积约3000多平方米，平均高为80米，洞壁洞顶上钟乳石千奇百怪，壮丽非凡。

二洞天"雷霆天"，现被辟为发电洞室，通过闸门控制引取落差11米的水发电，是国内罕见的无厂房天然洞内发电站，极为经济。

三洞天"金光天"，洞内高大宽阔，迂回幽静，左岸石壁异常光滑，如刀砍斧削，右岸壁上悬挂着五颜六色的钟乳石。

四洞天"玉宇天"是由多个洞穴组成的天然景区，洞内钟乳石或似塔形，或如殿宇，晶莹剔透，形象逼真。

五洞天"葫芦天"呈葫芦状的暗湖，上收下放，自然而成。

六洞天"象王天"为相连的天生桥洞窗，顶部距水平面约百米，十分险要。

七洞天"云霄天"是一大旱洞，洞内千疮百孔，互相可通，能容纳数千人。

八洞天"宝藏天"，洞口宽仅两三米，而高达数十米，好似高楼窄巷，阳光折射进去，水面光色变幻无穷。

九洞天"大观天"内的溶洞共分三层，下层奇形怪状的水洞暗湖与其他八洞天相通，四通八达。

中层有一座巨大的天生桥，成"门"字形，从桥下广场俯视观水洞，神秘莫测。抬头仰望，苍穹被划为两个巨大的圆弧，好似牛郎织女相会时的鹊桥。上层是与天生桥拱平行的洞厅，面积约数万平方米，无数洞穴口相通相连，形成立体迷宫，举世罕见。

九洞天景区属于滇东高原黔北台隆毕节市北东及西南走向构造变形结合部，岩石主要为二叠系石灰岩。河谷为岩溶箱形深切割峡谷，岩壁接近90度。景区内分布有溶蚀旱洞、伏流洞穴、溶蚀塌陷等喀斯特典型地貌。

两岸悬崖峭壁上有众多常年性和季节性瀑布、冒泉，河流涨落受季节的影响变化较大。

九洞天属于高海拔亚热带气候，温暖湿润，日照充足。九洞天景区覆盖土壤主要为地带性土壤小黄泥、岩性土褐色石灰土。

河谷两侧附近土层较薄，石灰石裸露较多，离河谷较远，土层较厚。

景区植被良好，主要野生乔、灌木有樟树、枫树、桦树、桑树、青杠、思栗、松、杉、及合欢、岩哨子、红子刺、毛竹、壳斗科植物等，另有藤本植物和蕨类。

景区的野生动物主要有猴、獐、黄鼠狼和蛇及各种水鸟等。河谷是野鸭的越冬地；溶洞中有岩燕和蝙蝠栖息，河水中主要生长着红嘴细鳞鱼、黄蜡丁鱼等。

小知识大视野

很久以前，九洞天是附近各族山歌对唱的一个重要聚点，每年端午节，各族青年男女聚集在九洞天上面的天生桥对歌，以歌传情。

有一年，一对苗汉青年男女唱出了感情，便私订终身。他们的举动遭到各自族人的责难，族老们警告他们说：你们要结婚，除非石头开花。

有情人难成眷属，两位青年便同时从悬崖上纵身跳下九洞天的一个深潭，以身殉情。两青年为了让后来人不再上演他们的悲剧，便化作万只彩蝶令九洞天的石头开花，这个故事一直流传至今。

天下的奇观——路南石林

路南石林是云南省著名的景观，是传说中阿诗玛的故乡。该石林是由喀斯特地貌形成的。

路南石林风景区，有奇石组成的石头森林，梦幻般的溶洞，秀丽的高原淡水湖泊，飞流奔腾雄伟壮观的瀑布。大自然最美丽动人的景色，都集中在保护区里，与居住在这里的彝族风情相辉

映，这里也被誉为"天下第一奇观"。

石林风光，观赏角度不同，景物展现的就不同。远近高低各不同，这是石林景观的真实写照。登高远望，扩大视野，石林就像一片刚出土的幼苗。

绿树红亭把灰黑色的石林点缀得十分秀美。远观石林没有遮挡，石林又像层层叠起的积木，疏密有致。

路南石林所在的路南县是我国岩溶地貌比较集中的地区，全县共有石林面积400平方千米。

景区由大、小石林，乃古石林，大叠水，长湖，月湖，芝云洞，奇风洞七个风景片区组成。其中石林的像生石，数量多，景观价值高。

石林遍布着上百个黑色大森林一般的巨石群，有的独立成景，有的纵横交错，连成一片，占地数十亩、上百亩不等。奇石拔地而起，参差峥嵘，千姿百态，巧夺天工。

李子箐石林，面积约12平方千米，主要由石林湖、大石林、小石林和李子园几个部分组成。它是石林景区内单体最大，也是最集中、最美的一处。

乃古石林位于"石林"以北13千米处，也叫新石林或摩寨石林，占地5000多亩。与"石林"相比，这里又是另外一种特色和风格。进入乃古石林，只见黑森森的一片怪石如大海怒涛一般冲天而起，气势磅礴，又像壁垒森严的古代战场，令人思绪万千。

景区内还有神奇瑰丽的地下溶洞，人们称之为地下天宫或水

晶宫，它属于地下岩溶地貌。

　　长湖位于路南县城东15千米的维则村旁，系岩溶湖泊。湖长3000米，宽仅300米，故名。

　　湖中有蓬莱岛，湖底布满参差错落的石笋、石柱。长湖深藏在圭山的怀抱里，故又称"藏湖"。

　　芝云洞位于石林之西北约5000米处，又叫紫云洞，由大、小芝云洞，大乾洞和猪耳朵洞组成，它是岩溶地貌的地下奇观之一。

　　奇风洞位于李子箐石林东北5000米处，它由间歇喷风洞、虹吸泉和暗河三部分组成。每年8~11月，会时有大风从大小数十厘米的喷风洞吹出，安静的大地顿时呼呼风响，尘土飞扬，并伴有

隆隆的流水声。几分钟后，一切复原，数分钟后又再次喷风。雨季间隔15~30分钟喷一次风，旱季约隔一小时。

路南石林是一处有着坚硬石灰岩床的区域。它经地壳运动抬升，断裂后，部分岩石被水溶解、冲刷而形成。

这一大片石林面积约5平方千米。有些岩石确实酷似树木，但其他的则像刀、鸟、兽、蘑菇、庙宇和山。许多岩石都有名称，例如莲花峰、大叠水瀑布、狮子亭和凤凰灵仪等，有些则形成天然桥和拱门。

岩石之间有水池和过道，有些还有树和灌木。岩石附近遍布着红色、粉红色和紫色的杜鹃花和山茶花。

外石林主要指位于大、小石林之外的周围风景区，这片风景区方圆数十千米。在野岭荒山，鲜花绿树丛中，又有许多奇峰怪石点缀其间。这些异石个体庞大，形象生动，加上周围的环境生机勃勃，视野也较为开阔。

大叠水瀑布位于路南县城西南，瀑布的水源系南盘江的支流巴江，落差88米，最大流量达150立方米/秒。

洪水季节，只见飞流直下，气势磅礴，声震山野，数里之外可闻其声。干旱季节，飞瀑则分两股下泻，有如银链垂空，纤秀柔美。

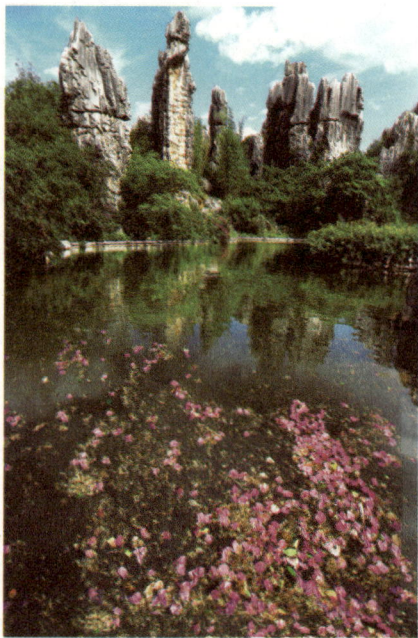

小知识大视野

与大石林相连的小石林旁边，一排被称为"石屏风"的石峰前面，横列着座座石峰。其中的一座石峰，峰顶呈淡红色，好像一位头戴红花帕、身背竹篓的少女双目含情，此峰是撒尼姑娘阿诗玛变的，附近撒尼村寨至今流传着她的故事。

阿诗玛因不愿做有钱有势的财主热市巴拉的儿媳妇，财主就把她抢回去关进牢里。在阿诗玛逃跑途中，财主勾结崖神，放出洪水冲走了阿诗玛。后来，应山仙子把阿诗玛搭救上来，变成了眼前这座"阿诗玛"石峰。

壮美的地缝——马岭河

马岭河，发源于乌蒙山脉，流入黔、桂交界的南盘江，横穿贵州省兴义市境内。它是一条非常特殊的峡谷，也称地缝。

马岭河峡谷是由于6500万年以来新构造运动、地壳强烈抬升、河水急剧下切所形成的一条深邃的峡谷。沿峡谷出露的地层岩石均是三叠系石灰岩和白云岩。

马岭河地缝景区，人称"天下双绝"。山峰壮阔雄伟，奇险幽深，有"兴义归来莫看峰，除去马岭不是河"之说。

马岭河由六条支河汇集而成。河水豕突狼奔，时而穿隙而

过，时而击石而进，浩浩荡荡，犹银河悬泻，如长龙入地，把兴义境内的景观串联在一起，构成了无与伦比的天下绝观。

马岭河风景名胜区，以万峰、百瀑、六河和两湖网织而成，为云贵高原喀斯特地貌的典型，具有雄、奇、险、幽的特征。景区内主要景点景观有彩崖峡、石窟崖、飞虹锁天、瀑布群、奇泉和万峰林等。在此可入地缝进行"神州第一漂"。

马岭河峡谷是一条在造山运动中剖削幽深的大裂谷地缝，谷内群瀑飞流，翠竹倒挂，溶洞相连，钙化奇观，两岸古树名木千姿百态。东西峰林层峦叠嶂，点缀其间。

马岭河峡谷位于兴义市南盘江支流马岭河上，由于"万峰环绕，千泉归壑，溪水溯蚀，江流击水"的作用，孕育着多姿态多彩的"百鱼、百瀑、百帘、百泉"的奇观，构成了马岭河峡谷风景名胜区"百画"。

马岭河峡谷是从地面向下剖削深切的凹形河谷，河谷两壁浓墨重彩，形似一幅幅挂壁画，约110余幅。

"百瀑"景区有大小瀑布56条，壮如银河缺口，柔似袅袅娜娜；"百帘"景区有100多个鲜为人知的水帘洞；"百泉"景区有名泉120余处，如洗心泉、车榔温泉、千眼泉、天潭和地潭等。马岭河峡谷分为马岭河峡谷、万峰湖和万峰林三大景区，以地缝嶂谷、群瀑横飞和碳酸钙壁挂而著名，景观雄、奇、险、峻。

马岭河峡谷位于整个景区的东北部，系南盘江北岸的一级支流，由于长期雨水的侵蚀作用，地块被塑蚀成深切狭长的地缝景观。站立在马岭桥头，便见峡谷从远处的峰峦中延伸而来，赫然屹立的彩崖，犹如巨门敞开，这便是彩崖峡。峡口两侧，巨崖对峙，峭壁撑云，危峰坠水。

嶙峋的山石，悬垂的钟乳，丛生的草木，碧澄的河水，微裸

的礁石，仿佛是一幅山水画卷，由远而近地铺展开来。

迎宾门巨崖刀削斧劈般高高矗起，巨崖多以灰褐色为底色。一道道橘红、果绿色的线条，或粗或细、或长或短，齐刷刷地从崖壁上竖画下来远远望去，宛如直泻在崖壁上的万道霞光，又如崖顶垂挂下来的千匹锦缎。彩崖倒映水中，河水轻轻晃动闪烁，使人恍若漂流在一条令人神往的五彩河上。

石窟崖位于马岭河峡谷中段，是一座高约100米、长约200米的红色巨崖，异常醒目。石窟崖遍布石雕"作品"，以变形夸张的造型，神气活现的动态，显示出大自然奔放不羁的非凡功夫。

飞虹锁天是架在马岭河上的一座古桥，以前称桥为木桥，其实木桥无木，全由方方正正的石块垒成。古桥为石拱桥，全是由石块铺就的桥面。石板镶嵌的栏杆，两侧又各有一个圆孔，仿佛一双晶亮的眼睛，把上游的古营盘尽收孔内。

马岭河两岸有瀑布近100条，是由两岸众多的支流、地下河、泉水从陡崖上坠入主谷而成。其中有30多条集中在2000多米长的天星画廊。

独特的地质地貌结构是马岭河瀑布群形成的条件：

一是两岸的白云岩和灰岩中夹有多层泥质岩，其透水性较弱，不利于大气降水向地下深部渗透。

二是马岭河中段是个舒展的向斜构造，地表水和地下水沿层面向轴部的马岭河流动。

三是马岭河主流量大，下切速度快，而沿岸支流水量小，下切速度滞后，造成两者河床高低悬殊，于是便形成众多的瀑布坠入深切峡谷之景象。

马岭河瀑布群，是马岭河峡谷的一大景观，较之黄果树大瀑布群，另有一番风采。景区有"七十二瀑一河"之说，被称为"天下之绝观"。

马岭河瀑布群之壮美，冠天下众瀑之首。在不到20千米的马岭河两岸，分布着常流瀑布60余条。尤其在峡谷下游的壁挂一带，仅2000米内就分布着13条瀑布，形成了一片争奇斗艳的瀑布群。

这片瀑布群，有的如白练悬挂，有的如银沙轻抖，有的如万马奔哮，有的如珍珠飞洒。水流有大有小，响声有高有低，仿佛在合奏着一部雄浑的山水交响乐。

在壁挂崖上段与中段之间，垂泻着八条瀑布，当地人称之为"兄妹瀑"。"珍珠瀑布"和"彩虹瀑布"是瀑布群中最神奇最美妙的两条。

"珍珠瀑布"由几条洁白而轻软的瀑布，从100多米高的崖顶跌落下来，在层层叠叠的壁上时而跃起，时而再跌，撞击出千万颗水珠，水珠在阳光的照耀下，闪闪发光。

"彩虹瀑布"从100多米高的崖顶倾流而下，在谷底激起片片水花和层层乳雾，在阳光的照射下，迷茫的水雾幻化出美丽的

彩虹。有诗人盛赞这一美景为"彩虹满沟，珍珠满壁"。

马岭河峡谷最精华的一段被称作百米画廊，画廊内的主要看点就是钙华石了，它就像鱼的鳞片一样，一片一片地附在岩石上。

奇泉是两条被称为神水的"男女泉"，位于兴义城东的布依族山寨上坡岗村。两水各流经一条自然形成的石渠，中间另有一条石渠将两水沟通成为一条"夫妻腰带"。奇在女泉每隔4~6分钟就会涌大水一次。

女泉下落时，男泉的腰带水向女泉倒流。男女两泉相融相汇，亲密无间，十分有趣。泉水四季长流，清泽如镜，传为仙井神水。

太阳泉更为奇妙。在"男女泉"山后，阳光一照喷泉直泻。传说山里有龙，阳光照身，身暖苏醒，口吐龙水，此泉故又称为"眠龙泉"。

锥状峰林广泛分布于马岭河下游沿岸及敬南等地，面积达350平方千米，共20 000多座。其中分布于马岭河下游沿岸者最具观赏价值，被称为"万峰林"。

峰林的形成经历了两亿多年的漫长岁月，首先是三叠纪碳酸盐岩的沉积，然后燕山运动使地层发生褶皱、断裂，第三纪构造地壳剥蚀夷平，第四纪以来新构成行动发生大幅度大面积抬升，大气降水沿节理裂隙下渗溶蚀，于是产生了浩如烟海的万峰林。

万峰林以泡木山为轴心，两侧高耸着上万个奇峰异石，集中于马岭河峡谷两岸。万峰林分东峰林、西峰林，峰林内有谷、洞、田、寨，呈现出一幅美不胜收的山水图画。

万峰湖位于马岭河下游，处于云贵高原向广西过渡的南盘江大裂谷断层地带，由天生桥一级电站大坝将南盘江拦截而成，是全国五大淡水湖之一。

万峰湖景区以红椿坡阳口内湖景观为主，景观面积为50平方千米。它的主要景点有红椿水上石林、马岭河坡阳入湖口、水上布依山寨等。

马岭河地缝漂流为大西南之一绝，可观赏的两岸"壁画"达

30余万平方米，与流水、瀑布交相辉映，美不胜收。裂谷两岸高耸的丹霞赤壁上，还有古庙、古桥、古寨、古营盘、古战场、古驿道、古石碑、千年古榕树和古人类遗址等景观。

从上游漂至下游，依次是一冲野马滩；二过猛虎岸；三跳犀牛坎；四闯龙腾关；五进幸福潭；六到宏瀑岸。人们称誉之为："坐船漂进地球，离开城池山寨，光顾亿年闺秀。"

小知识大视野

在很久以前，兴义是龙的故乡。

有一天，龙的世界发生了巨大变化，天摇地动，大雨滂沱，很多龙都葬身于大水中，老龙王就带着他的四个龙儿开辟河道。

随着四个龙子轮番撞击山岳，渐渐形成了一截长带状的内河。虽然山石坚硬，五条龙硬是活生生地把群山撞开成百多米宽、百多米深的河谷，只是它们满身龙鳞撞掉了，那些鳞片幻化成美丽的图案，悬挂在两边的崖壁上。传说如今马岭河峡谷的钙华石就是当年老龙王和四个龙子留下的鳞甲。

洞穴的宝库——织金洞

织金洞原名打鸡洞，位于贵州省织金县城东北的官寨乡。织金洞是一个多层次、多类型的溶洞，全洞空间宽阔，有上、中、下三层，洞内有多种岩溶堆积物，显示了溶洞的一些主要形态类别。织金洞是我国目前发现的一座规模宏伟、造型奇特的洞穴资源宝库。

织金城建于1382年，三面环山，一水贯城，城内有71处清泉，庵堂寺庙50余处，还有结构奇特的财神庙、洞庙结合的保安寺等。

织金洞是我国目前发现的溶洞中最出类拔萃的一个。织金洞岩质复杂，拥有40多种岩溶堆积形态，包括世界溶洞中主要的形态类别，被称为"岩溶博物馆"。

洞外还有布依、苗、彝等少数民族村寨。

冯牧有诗写道：

黄山归来不看岳，织金洞外无洞天。

琅嬛胜地瑶池境，始信天宫在人间。

根据不同的景观和特点，织金洞分为迎宾厅、讲经堂、雪香宫、寿星宫、广寒宫、灵霄殿、十万大山、塔林洞、金鼠宫、望山湖、水乡泽国等景区。洞内有各种奇形怪状的石柱、石幔、石花等，它们组成了各种奇特的景观。

最大的洞厅面积达30 000多平方米。每座厅堂都有琳琅满目的钟乳石，大的有数十米，小的如嫩竹笋，千姿百态。还有玲珑剔透、洁如冰花的卷曲石及霸王盔、玉玲珑、双鱼赴广寒、水母石、碧眼金鼠等景观，形态逼真，五彩缤纷。其中，"银雨树"

高达17米，挺拔秀丽，亭亭玉立于白玉盘中，人人赞叹。

织金洞地处乌江源流之一的六冲河南岸，属于高位旱溶洞。洞中遍布石笋、石柱、石芽、钟旗等40多种堆积物，形成千姿百态的岩溶景观。洞道纵横交错，石峰四布，流水、间歇水塘、地下湖错置其间。织金洞被誉为"岩溶瑰宝""溶洞奇观"。

织金洞在世界溶洞中具有多项世界之最：如整个洞已开发部分就达35万平方米；洞内堆积物的多品类、高品位为世间少有；洞厅的最高、最宽跨度属于至极；神奇的银雨树、精巧的卷曲石举世罕见。

最大的景物是金塔宫内的塔林世界，在16 000平方米的洞厅内，耸立着100多座金塔银塔，而且它们还隔成了11个厅堂。金塔银塔之间，石笋、石藤、石幔、石帷、钟旗、石鼓和石柱遍布，与塔群遥相呼应。

织金洞属亚热带湿润季风气候区域，地处我国乌江上游南

岸，系受新构造运动影响，地块隆升，河流下切溶蚀岩体而形成的高位旱溶洞。其地质形成约50万年，经历了早更新世晚期至中晚新世。由于地质构造复杂多变，该洞具有多格局、多阶段和多类型发育的特点。

织金洞是一个多层次和多形态的完整岩溶系统，是目前世界溶洞的佼佼者之一。洞内堆积物的高度平均在40米左右，最高堆积物有70米，比世界之最的古巴马丁山溶洞最高的石笋还要高七米多。从洞的体积和堆积物的高度上讲，它比一直誉冠全球并被列为世界旅游溶洞前六名的法国、南斯拉夫等欧洲国家的溶洞要大两三倍。

织金洞规模宏大，形态万千，色彩纷呈。雄伟壮观的"地下塔林"、虚无缥缈的"铁山云雾"、一望无涯的"寂静群山"、磅礴而下的"百尺垂帘"、深奥无穷的"广寒宫"、神秘莫测的

"灵霄殿"、豪迈挺拔的"银雨树"、纤细玲珑的"卷曲石"、栩栩如生的"普贤骑象"、"婆媳情深"等一幅幅大画卷，一处处小场景，令人心魄震惊，叹为观止。

瑰丽多姿的喀斯特地貌风光，把织金洞映衬得气势恢宏。在织金洞地表周围约5平方千米范围内分布有典型的罗圈盆、天生桥、天窗谷、伏流及峡谷等，被国际知名的地貌学家威廉姆称为"世界第一流的喀斯特景观"。

织金洞最显著的特征是"大"奇、"全"。大是指纳金洞的空间及景观规模宏大，气势磅礴；奇是指景观及空间造型奇特，审美价值极高；全是指洞内景观形态丰富，类型齐全，岩溶堆积物囊括了世界溶洞的主要堆积形态和类别。

迎宾厅由于洞口阳光照射，厅内长满了苔藓。岩溶堆积物如巨狮、玉蟾、岩松。厅顶有直径约10米的圆形天窗，阳光可直射洞底；窗沿串串滴落的水珠，在阳光的照耀下，仿佛撒下千千万万个金钱，人称"圆光一洞天"，又名"落钱洞"。

侧壁旁一小厅，中有一棵十余米高的钟乳石，形如核弹爆炸后冉冉升起的蘑菇

云，名"蘑菇云厅"。厅内还有直径约四米的圆形水塘，站立塘边，可观看塘中如林石笋和洞窗倒影，名"影泉"。

讲经堂因岩溶堆积物如罗汉讲经而得名。中间有一面积300平方米的水潭，被钟乳石间隔为二，名为"日月潭"，系全洞最低点。潭中岩溶物形如三层宝塔，顶端坐一佛，如聚神讲经。

塔林洞又称"金塔城"，呈金黄色，熠熠闪光。群塔将景区分为11个厅堂，其间遍布石笋、石柱、石帷、钟旗，形态各异，气象万千。

"蘑菇潭"潭水清澈，中有无数朵石蘑菇，影随波动；"石鼓"面平中空，水点滴在鼓上，咚咚作响。

"塔松厅"内有相对两棵石松，一棵黑褐色，高5米，酷似针叶的钟乳石聚成片状凝结在主干上，下大上小，呈塔形；另一棵高近20米，层层叶面上如覆白雪，名"雪压青松"。

远古时洞顶塌落的巨石堆积如山，称"万寿山"。后来山上又覆满岩溶堆积物。上有珍奇的"穴罐"，呈椭圆形。旁有"鸡血石"，晶莹绯红，酷似"孔雀开屏"。有三尊"寿星"，高10~20米。洞顶和厅壁由黄、白、红、蓝、褐诸色构成美丽的图

案。望山洞是织金洞中枢纽，可通往各大景区。湖边钟乳石呈黑色，其中最大的一棵高达十米，形如铁树，树身布满千万颗黑色石珠，上端右侧呈白色，如雪花被覆，称"铁树银花"。

湖东北岸是一陡峭斜坡，路歧出，一条18盘，绕27拐，登441石级进"南天门"，入"灵霄殿"；另一条经422石级进"北天门"，入"广寒宫"。江南泽国分为漫谷长廊、北海陇、宴会大厅、江南泽国四个部分。"漫谷长廊"，洞廊深长、壁间钟乳石奇异多姿；"宴会大厅"，面积10 000多平方米，洞内平坦干燥，是理想的休息、进餐和活动场所。

"北海陇"中的数条游龙似的边石坝蜿蜒伸展，钟乳石林立；中有一深潭，潭中有九根石笋，称"清潭九笋"；"江南泽国"的流水、湖泊、水塘、水田交错，流水潺潺，田水如镜。

雪香宫中的岩溶堆积物如茫茫雪原，注柱四立，玉帷高挂，俨然一派北国风光。其间，有自然形成的20多块谷针田、珍珠田、梅花田；有20余个大小不一的石盾；有数十面红色透明的钟旗，扣之如钟声；有百余棵石竹形成的"竹苑"，意趣横生。"卷曲石洞"在200余米的洞厅顶棚上，其上

布满了数万颗晶莹透亮的卷曲石，中空含水，弯曲横生，甚至向上生长。"灵霄殿"两壁垂下百尺石帘，五彩斑斓，俨然天宫帷幕。正中有一棵石柱拔地而起，直抵顶棚，称"擎天柱"。柱后有面积约20平方米的水池，石莲飘浮出水面，称"瑶池"。

"广寒宫"群山耸列，陡峭险峻。两山间为开阔平地，地下湖横陈其间。有60余米高的"梭罗树"，长满了成千上万朵石灵芝；有17米高的"霸王盔"，酷似古时的武士头盔；有50米高的石佛，巍然屹立；有17米高的"银雨树"，亭亭玉立，洁白有光。

"十万大山"洞内地势起伏，石峰丛立，如重峦叠嶂，山间常有云雾缭绕。这里有金色塔山，成林玉树，还有螺旋状的高大石柱"螺旋树"。 洞内还有"珍珠厅"，石珍珠晶莹闪光，熠熠生辉，似人间仙界。

小知识大视野

织金洞处于苗族地区，在这里，你可以领略苗族射弩表演的伟力，可以与苗胞相携随乐跳起芦笙舞，可以亲身感受苗家儿女求偶择伴的"跳花"情景。

这里有颇负盛名的织金"残雪""金墨玉"大理石系列工艺品，做工古朴的蜡染纪念品和砂器用具，可供游人赏玩择购。营养极高的竹荪、天麻等产品，都是织金县久负盛名的特产，不仅口味极佳，更是美容养生的佳品。这里浓郁的民族风情，独特的风物特产，丰富和充实了人们的名洞之旅。

地热之乡——腾冲火山

位于高黎贡山山麓的腾冲，是著名的地热之乡，大面积的热海、热田景观奇特，类型多样，热泉对多种疾病有疗效。

腾冲99座火山雄峙苍穹，88处温泉喷珠溅玉，是中国大陆唯一的火山地热并存地区，并且规模宏大，景观神奇，保存完好，形态各异，怪石林立，为世界所罕见。

另外，这里的浮石、火山蛋、火山溶洞非常典型，被誉为

"天然的地质自然博物馆"。

腾冲地热火山风景名胜区，位于云南省西部边陲，与缅甸接壤。地势属横断山南段偏西部分，东部的高黎贡山和西北部姐妹山形成天然屏障，向西南急骤降低，呈长马蹄状盆地。

腾冲县，西汉称滇越。境内分布着气泉、热泉、温泉以及火山锥等多处，为我国第二大热气田。腾冲县著名的温泉有硫黄塘大滚锅、黄瓜箐热气沟和澡塘河高温沸泉。

大滚锅位于县城西部，登上山坡，只见热气袅袅，淡淡的硫黄味扑鼻而来。坡头灌木林中有一眼硫黄塘沸泉，呈圆形，周围用半圆形石板围成，终年热波喷汹，气浪腾腾，俗称"大滚锅"。

硫黄塘位于腾冲县城西南的一个山坳平台的中央，圆形水池

113

直径三米左右。池底无处不冒气喷水，整个水池白浪翻滚，热气腾腾，一片热雾缭绕。

黄瓜箐热气沟位于硫黄塘以南，这是一条南北走向的小山沟，沟底有条小溪，虽没有温泉，地面上却到处都在冒着热气。

澡堂河位于硫黄塘和黄瓜箐热气沟之间，这里因火山喷发的熔岩沿澡堂河河谷奔泻而下，蜿蜒起伏，形似一条黑色大蟒，俗称"火山蛇"。

河谷高温沸泉水温达95度，气沟之中有蛤蟆口喷泉、狮子头热泉，再加上河床上喷涌的大量热气、热泉，团团浪花从河谷冉冉升起，白雾迷茫，煞是好看。

在冬春两季，河水流量小，小河水温一般在40度左右。这里到处可以洗澡，可谓名副其实的澡塘河。

腾冲地热火山风景区有种类繁多的动植物，有人赞誉高黎

贡山是"植物王国的大花园""横断山中百花园。"

不管怎么说，高黎贡山是我国杜鹃花、山茶和木兰科植物的分布中心。

杜鹃为四大高山名花之首，这里的"杜鹃王"更是稀世珍宝。有一棵被命名为大树杜鹃的杜鹃王，树高达25米，树龄有280多年。

小知识大视野

古时候，平江县的洞庭湖边住着一对打鱼的老人。老婆婆到了60岁才怀上孕，后来生下一对漂漂亮亮的姐妹俩，大的取名昌姐，小的取名纯妹。

一晃，姐妹俩长得如花似玉。有一天，土豪劣绅家做媒的来了，姐妹俩都不同意。

第二天，知府公子带着人马抢亲来了！于是，姐妹俩一个向北，一个向南分头跑去。最后无路可走时，她们就各自栽进了洞庭湖。这时，水花一落，从水底下升起两座大山。北面的是昌姐变的，叫昌山；南面的是纯妹变的，叫纯山。

东南第一洞——太极洞

太极洞坐落在安徽广德县境内，和江苏省宜兴市的善卷洞、张公洞、灵谷洞位置邻近并与之齐名。

洞内景观瑰丽，历史遗存丰富，钟乳奇石，百姿千态：有的如莲、如笋、如柱、如花、如幔；有的如兽、如人；有的如钟、如鼓、如棋、如桌；有的如翔凤、如潜鳞，叹为观止，鬼斧神工。

太极洞，古称"长乐洞""广德埋藏"，分旱洞、水洞两部

分，洞内景色奇妙、瑰丽，具有险峻、壮观、绚丽、神奇的景观特色，集全国溶洞之精华。

早在2000多年前即被称为天下一绝，《我国石林》称道"桂林山水，广德石洞"，民间有"黄山归来不看山，太极游完不看洞"之说。

太极洞形成于2.5亿年前的地壳运动，早在2000多年前即是人们游览猎奇的理想场所，至今洞内仍保存着宋朝范仲淹、明代吴同春游历时的碑刻。

太极洞洞体规模宏大，洞深几十千米，大洞套小洞，洞洞相通，忽狭忽敞，时高时低，忽温忽凉，忽陆忽水，给人们变幻莫测之感。

上洞由山顶洞口而入，山脚洞口而出。下洞规模大，景观多。洞口上方刻有"太极洞"三字，系明代万历年间刑部侍郎吴同春的手迹，至今依然可见。

洞正面的崖石上，有吴同春书刻"二仪攸分"四字，自此分东西两洞。东洞峭刻诡谲，乳膏融结，前行百余米遂现水洞，洞中高峰出谷，瀑布流泉，瑶池玉阶，地下银河，玉带金光。

太极洞是一座庞大的地下溶洞群，分上洞、中洞、大洞、水洞和天洞；洞中有水，洞洞相连，形成了奇丽的天然景观。其中如"壶天宫""玉皇宫""海天宫""洞中黄山""大千世界"和"仙源小三峡"等景点，都有独特的奇趣。

明代文学家冯梦龙在《警世通言》中称誉"雷州换鼓""广德埋藏""登州海市""钱塘江潮"为"天下四绝"。"广德埋藏"就是指广德地下的庞大溶洞群。

在两仪宫"二仪攸分"石刻前的平台上，有奇石为"八仙过海"。洞中八仙，或坐或立，或歌或啸，神态各异，栩栩如生。此处还有太上老君的石化仙容，故此处景点又名"八仙朝圣"。

八景宫，又名老君洞。有一块凌空垂悬的巧石，酷似神话传说中的道教始祖太上老君。但见该巧石肩披鹤氅，慈眉善目，银须飘拂，惟妙惟肖。

太上老君巧石附近还有青牛听经、丹灶飘香、仙龟听法、千年古槐、卧牛石、水滴石穿等景，虽然都是熔岩天成，但是情趣各有不同。

太极洞内的八仙朝圣、石化仙容、仙舟覆挂、双塔凌霄、洞中泛舟、金龙玉柱、洞中黄山、洞中三峡、壶天映月和洞外的太极天壁，统称"洞天十大奇观"。

"太极洞"山门前有碧波荡漾的"砚池湖"，相传是范仲

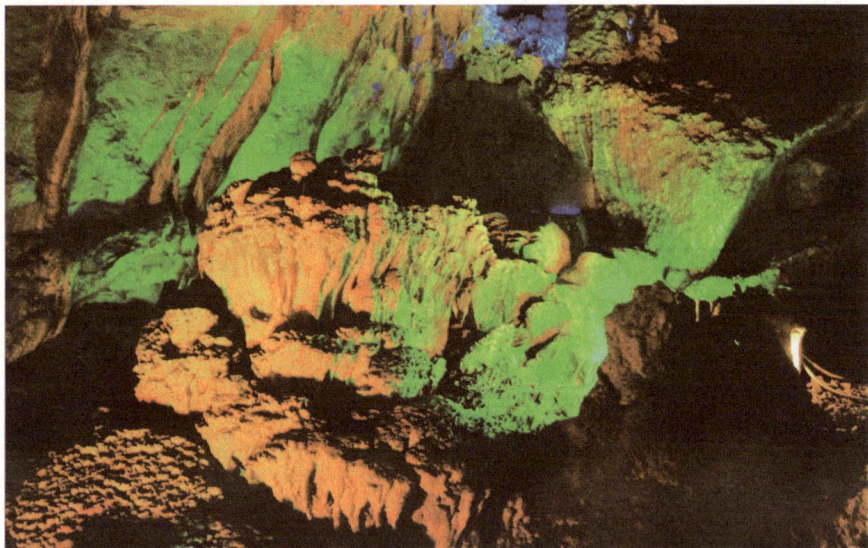

淹当年洗砚之处。洞口附近还有"实相院""洞宾楼""天游亭""范石亭""山门牌楼""太极山庄"等古建筑群散落在翠竹碧水之间，与洞内景观相映成趣。

太极洞水洞亦为一奇，其水面开阔，可容小舟徜徉其间，任意东西。如乘小舟游水洞，只见洞壁上的奇石，在五色光的照耀下，灿若群星，使人有置身银河之感。

水洞中最著名景观有"擎天玉柱""蝙蝠神蚕""悬关隘口"等，它们或以"单象"命名，或以"群象"命名，皆睹名可知其形。

水洞中的景观大都以"物象"命名，睹名即可知其形。只不过有的以"单象"命名，有的以"群象"命名而已。

如"太上老君"似白发苍苍、合掌诵经的老人；"槐荫古树"似树干挺拔、枝叶繁茂的古树；"仙舟覆挂"似底面朝上、高悬半空的小舟；"双塔凌霄"似上下倒置、基座入云的古塔；

"金龙盘柱"似祥云缭绕、长龙缠裹的玉柱；"洞中黄山"似雄伟峻峭、秀丽奇幻的黄山。以上"六奇"即以"单象"命名。

"万象览胜"为太极洞最大厅"万象宫"的奇景，其景物荟萃，气象万千。

"太极壁画"为太极洞回廊两侧石壁上的奇景，它像众仙聚会、雄师出征、沙场交兵、困兽争斗等。

"壶天极目"为太极洞"壶天宫"钟乳石的奇景，其吊顶悬空，姿态万千。

以上"三奇"即以"群象"命名。只有"滴水穿石"例外，其名揭示了兔形石上小孔的成因，是以"成因"命名。

据史记载，宋范仲淹在广德任职时为该洞题过诗。宋元以来不少文人墨客，纷纷挥毫于洞壁，题刻于岩上。其壁上的摩崖石刻，琳琅满目，苍劲有力，仅初步查明赞誉太极洞的古诗和游记就有10多篇。

太极洞的自然景观和人文景观堪称丰富多彩，名闻遐迩，光彩宏伟。太极洞集险峻、奇丽、神秘于一体，历史悠久，观赏价值高。

小知识大视野

很早以前，西域有个劫国，劫王叫庄严，后改名妙庄。他们过着游牧生活。妙庄王生了三个女儿，长名妙欲，次名妙善，三名妙音。

三姊妹天生好静，经常到白雀寺礼拜神灵。可是，妙庄王对女儿们的行径大为不满，喝令火烧白雀寺。殊不知，三姊妹不但没从寺中逃出来，而且从容地向烈火中走去。

后来，民间流传歌谣说："观音菩萨三姊妹，同锅吃饭各修行。大姐修在灵泉寺，二姐修在广德寺，唯有三姐修得远，修在南海普陀山。"

山奇水秀——云台山

云台山位于河南省焦作修武县和山西陵川县境内，以独具特色的"北方岩溶地貌""云台山水"被联合国教科文组织列入全球首批世界地质公园名录。

云台山景区含泉瀑峡、潭瀑峡、红石峡、茱萸峰、子房湖、万善寺、百家岩、叠彩洞、猕猴谷、青龙峡和峰林峡等景点。

云台山在远古时代乃是一片汪洋，随着世纪的流逝，地壳的变动，逐渐升起、抬高形成平原。在十几亿年前造山运动时期，其地貌景观发生了很大的变化。

在燕山期，北部上升，形成高山，南部下降，形成平原。在喜马拉雅造山运动影响下，又使山区急剧上升，河流迅速下切，形成又深又陡的峡谷。其后，地表、地下水沿裂隙对岩石进行溶蚀，再加上其他风化营力的影响，就造成如今的山石形态。

云台山景区内群峡间列、峰谷交错、悬崖长墙、崖台梯叠的"云台地貌"景观，是以构造作用为主，与自然侵蚀共同作用形成的特殊景观，是地貌类型中的新类型。

距今约14亿至3亿年间的中元古界蓟县系云梦山组至上石炭统太原组地层，出露系统而完整。

有太古界~早元古界基底，还有典型的构造遗迹，诸如基底太古界片麻杂岩构造、早元古界表壳岩的底穹窿构造、盖层的超覆构造、韧性剪切带构造、韧脆性变形构造、脆性断裂构造、单面山构造、以及盖层中的垮塌构造和滑坡构造等。

特殊的构造部位和地层岩性条件，使云台山景区内的水体和

水动力作用极为发育，形成的瀑布、溪泉和河流钙华阶地、钙华瀑、钙华滩等代表了我国北方岩溶的特点，是一道美丽的风景线。

云台山深邃幽静的沟谷溪潭，千姿百态的飞瀑流泉，如诗如画的奇峰异石，形成了云台山独特完美的自然景观。这里云气缭绕，仙风回荡，为道教历代重玄派妙真道士仙居之福地洞天，道教妙真之祖庭。

汉献帝的避暑台和陵基，我国山水园林文化鼻祖"竹林七贤"的隐居地，以及众多名人墨客的碑刻、文物，形成了云台山丰富深蕴的文化内涵。

云台山以山称奇，整个景区奇峰秀岭连绵不断。踏千阶的云梯栈道登上茱萸峰顶，北望千里太行深处，巍巍群山层峦叠嶂；

南望怀川大平原，沃野千里、田园似棋，黄河如带，山水相连，不禁使人心旷神怡，领略到"会当凌绝顶，一览众山小"的意境。云台山以水叫绝，素以"三步一泉，五步一瀑，十步一潭"而著称。云台天瀑是亚洲落差最大的瀑布，犹如擎天玉柱，蔚为壮观。

天门瀑、白龙潭、黄龙瀑、丫字瀑皆飞流直下，形成了云台山独有的瀑布景观。多孔泉、珍珠泉、王烈泉、明月泉清冽甘甜，让人流连忘返。

温盘峪位于云台山景区子房湖南端。温盘峪在我国众多峡谷中，以其景观的纤巧、婉约、神奇、瑰丽而独树一帜。它集泉、瀑、溪、潭、涧诸景于一谷，融雄、险、奇、幽、秀诸美于一体。温盘峪景区低凹于地表之下，两岸峭壁山石，仿佛鬼斧神工雕琢而成，又好像名山大川浓缩后的精华。峭壁间时有一挂挂珠

帘似的泉瀑争相倾泻，流水急湍，瀑声若雷，若蓝天丽日下会映出一道彩虹。

在1000米之内，富集"逍遥石""相吻石""灵龟戏水""双狮吸水""幽瀑""穿石洞""孔雀开屏""棋盘石"等景观，览之步步奇景，观之美不胜言。

由于在地表之下，又窄又深的峪内的空气不能与外界大气候正常交流，便形成峡谷内特有的小气候。盛夏时节，峪外酷热难挡，峪内却一片秋意；隆冬时节，峪外冰天雪地，峪内却花红草绿，苔类植物生长茂密，显得春意盎然。这里冬暖夏凉，温度适中，仿佛处在恒久的温暖中，故名"温盘峪"。

温盘峪的整个峡谷，由红岩绝壁构成，属于我国北方地区少有的丹霞地貌峡谷景观。崖壁通体的赤红色，故又俗称"红石峡"。

温盘峪峡谷又称"九龙潭""九龙峡谷"。峡谷内分布有"首龙潭""黑龙潭""青龙潭""黄龙潭""卧龙潭""眠龙潭""醒龙潭""子龙潭""游龙潭"，相传云台山温盘峪在古代为九龙栖息之地。

苍龙涧狭长幽曲，处于山势巍峨的深涧。相吻石是两条跃出水面的红色奇石，相传这是黑、白二龙王的龙女和龙子的浪漫化

身。温盘峪谷口南端有一狭窄的峡谷，称为"一线天"，是一处高50多米的瀑布，称为"白龙瀑布"。

青龙峡作为云台山的主要景点之一，有"云台山第一大峡谷"的美誉。婀娜多姿的旺荣瀑，翠绿如玉的同心潭，妙不可言的石上春秋，构成了青龙峡大气磅礴的山水立体画卷。

泉瀑峡沟内高峰耸立，气势恢宏，花木繁茂，泉壑争流。沿沟上行可以看到华夏第一大高瀑，瀑布上端如同朵朵白云，有如团团棉絮，悠悠飘落，连绵不绝；下端宛如飞花溅玉，纷纷扬扬，洒入墨绿色的水潭。

急泻而下的瀑布，在水潭中溅起一米多高的水花，又化成一团水雾，把瀑布罩在蒙蒙的雾中。若雨多的季节，其气势更为磅礴。山洪暴发时，瀑布像脱缰之烈马，日夜奔腾，声震数里，近听如闷雷轰响，远听似古钟长鸣。

潭瀑峡地处云台山北部偏西，是主要河流子房河的一个源头。沟东面，峭壁耸翠，基岩裸体；沟西面，竞秀峰参差俏丽，峰

群一字排列，峰峰直立，争奇斗异。

在曲曲弯弯的沟槽内，潆洄着一条会唱歌、会跳舞的溪水小龙溪。小龙溪像一队美丽的歌舞明星，以层层台阶作为舞台载歌载舞，翩翩历阶而下。

茱萸峰俗名小北顶，又名覆釜山，因其形貌似一只倒扣的大锅由而得名。相传，王维名诗《九月九日忆山东兄弟》写道：

独在异乡为异客，每逢佳节倍思亲，
遥知兄弟登高处，遍插茱萸少一人。

该诗即是王维于此峰有感而作。山峰在云雾中出没，云腾山浮，如临仙界。峰腰有药王洞，相传是唐代药王孙思邈采药炼丹的地方，药王洞口有古红豆杉一棵，树干粗达三人合抱，枝繁叶茂，树龄在千年左右，是国内罕见的名木。

万善寺坐落在形似奶头状的阁王鼻山峰下面，周围青山环

抱，风景秀丽。它始建于明朝万历年间，相传是朝廷为了镇治此处帝王风脉而建，寺名也属御赐。

峰林峡以山水交融的翡翠湖为主体，融山的隽秀、水的神韵为一体，被誉为"人间天上一湖水，万千景象在其中"。

云台山山险水秀，气候凉爽宜人，景区属暖温带大陆性季风性气候，四季分明，春季干燥多风，夏季高温多雨，秋季凉爽，冬季干寒。

由于北部太行山系的屏障作用，这里背风向阳，平原为豫北高温少雨区。山区地形复杂，气候随海拔与山势山形变化各异、差异明显。

这里泉源丰富、植被茂盛，原始次生林覆盖了整个山峦，各种树木和奇花异草种类达400多种。中药材蕴藏丰富，除人参、灵芝外，还有闻名国内外的茱萸、连翘、天麻、当归等。

小知识大视野

子房湖又叫"平湖"。汉代张良曾在沟谷西侧的山峰上日夜操练兵马，帮助刘邦成就大业后隐退至此，因张良字子房而得名。

湖水面积800亩，长约4000米。两岸青山对峙，绿水如荫。苍翠的山，墨绿的水，相依相偎，展现出一幅壮阔波澜之景。早晨和下午湖面阴一半晴一半，一边金光闪烁，一边碧绿透明。正午时，它像一面巨镜，把直射的阳光反射出去，使人眼花缭乱。子房湖堪称云台山一奇观。

丹霞第一峰——江郎山

　　江郎山位于浙江省衢州市江山市江郎乡境内。江郎山景区由三爿石、十八曲、塔山、牛鼻峰、须女湖和仙居寺等部分组成。

　　江郎山山形主体为三个高耸入云的巨石，三巨石拔地冲天而起，形似石笋天柱，形状像刀砍斧劈，自北向南呈"川"字形排列，依次为郎峰、亚峰、灵峰，人们叫"三爿石"，被人们称为

"神州丹霞第一峰"。

郎峰峭壁上有明代理学家湛若水摩崖题刻"壁立万仞"4字。

江郎山不仅聚岩、洞、云、瀑于一山，集奇、险、陡、峻于三石，雄伟奇特，蔚为壮观，而且群山苍莽，林木叠翠，窟隐龙潭。泉流虎跑，风光旖旎。每当云雾弥漫，烟岚迷乱，霞光陆离之时，江郎山常凝天、山于一色，融云、峰于一体。

江郎山的主要景点有倒影湖、会仙岩、霞客亭、天然国画、一线天、天桥、虎跑泉、铁索桥、伟人峰、江郎书院、神笔峰、丹霞赤壁、天梯、钟鼓洞、烟霞亭、仙居剑瀑、须女湖、十八曲等。问天亭在郎峰顶，在那可以看到连绵起伏的群山，游人仿佛置身于云雾之中。

江郎山为我国典型的丹霞地貌景观，三座石峰呈川字形排列，分别称郎峰、亚峰、灵峰。石峰状如天柱，摩天插云。

三峰之间有大弄、小弄可出入。小弄内岩壁如削，宽仅三米余，被称为为"我国一线天之最"。

郎峰平均坡度88度，历来无人可上，让无数游客浮想联翩。

唐朝白居易有诗说道：

安得此身生羽翼，与君往来醉烟霞。

　　石壁凿有3500余级石阶，曲折攀援而上约1000米可达峰巅。伫立峰巅，时有白云从身旁飘过；俯瞰脚下，百里山川尽收眼底，颇有登天之感，令人心旷神怡。

　　江郎山素有"雄奇冠天下，秀丽甲东南"之誉，拥有我国丹霞第一奇峰、全国一线天之最、天然造化的伟人峰、惊险陡峻的郎峰天游和千年古刹开明禅寺、千年学府江郎书院、全国最大的毛泽东手书体"江山如此多娇"摩崖题刻等自然景观与人文古迹相辉映的景点景观。

　　千百年来，众多英杰名士为江郎山留下了大量的游踪遗墨，

祝其岱、白居易、陆游、朱熹、徐霞客、郁达夫等骚人墨客更为江郎山增添了丰富的文化内涵。

小知识大视野

江郎山古称金纯山，很久以前，山脚下住着一户勤劳善良的人家—江氏三兄弟。

有一天，天上的美丽仙女须女仙子乘风来到金纯山上，她放眼望去，只见江氏英俊的三兄弟正在田间劳作，于是她飘然而至。彼此邂逅后，他们渐生爱慕之情。无奈仙界人间两重天，当仙子返回天庭后，痴情的江郎三兄弟天天站在高山之巅守望等待着须女仙子的归来。

天长日久，江氏三兄弟就化为三爿石耸立在金纯山上。从此，金纯山改叫江郎山，三爿巨石分别为郎峰、亚峰和灵峰。

黄河第一瀑——壶口瀑布

　　黄河壶口瀑布风景名胜区，地处晋陕大峡谷中段，两岸夹山。

　　滔滔黄河到此被两岸苍山挟持，束缚在狭窄的石谷中，洪流骤然收束。这时河水奔腾怒啸，山鸣谷应，形如巨壶沸腾。最后河水从20余米高的断层石崖飞泻直下，跌入30余米宽的石槽之中，听之如万马奔腾，视之如巨龙鼓浪，波浪翻滚，惊涛怒吼，震声数里，因其形如巨壶沸腾，故名壶口瀑布。

　　黄河壶口瀑布地质公园以黄河为轴心，地跨山西和陕西两省。河东有吕梁山，河西为黄龙山。这里山势雄峙，气势浩大，

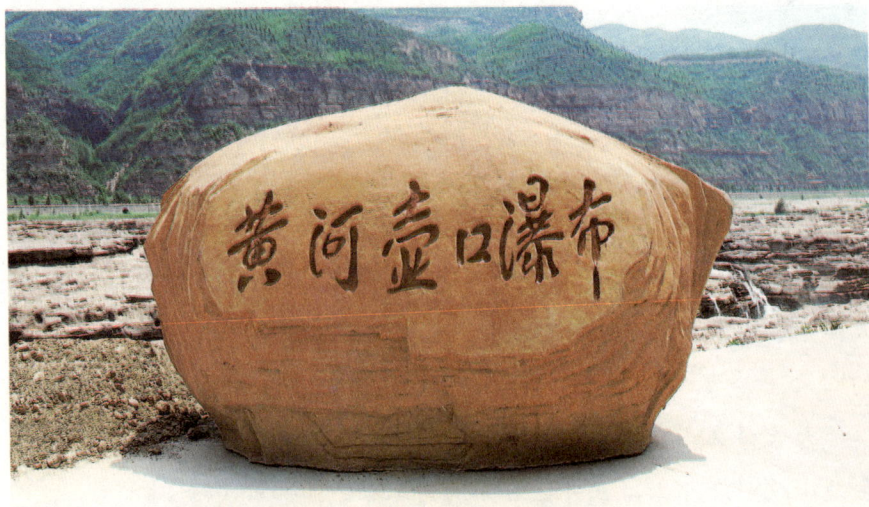

黄河河道，舒展蜿蜒。

　　黄河壶口瀑布国家地质公园其东西两侧的界线即由河道中心线向两侧分别扩展，它以气势磅礴的壶口瀑布为主要的地质遗迹。

　　黄河壶口瀑布是黄河河道上的第一大瀑布，它飞流直泻，巨浪滔天，气吞山河，涛声震天，两岸残崖峭壁，黄河水在这里造成"千里黄河一壶收"的天下奇观。

　　排山倒海般的瀑布冲击着岩石发出"谷涧响雷"的轰鸣；巨涛激起数十米高的浪花，远看似"水里冒烟"的奇观，阳光下引导出"彩虹通天"的美景。

　　走进壶口瀑布，可以在阵阵轰鸣中，近距离感受"黄河之水天上来"的壮阔：滔滔黄河水，挟雷霆万钧之势，直下百丈悬崖，掀起腾空黄浪，排山倒海，震天撼地。

　　据说，壶口瀑布是一个移动的瀑布。而壶口瀑布在移动的过程中，就在这砂石河床上冲开了一条深约60米的龙槽。

越走进壶口，轰隆隆的水声越发振聋发聩。400米宽的河面，突然漏斗一样被束成不足50米的一柱，形成特大的马蹄状瀑布，径直地砸向30米深的石槽中，真是"天下黄河一壶收"了。

数千米外都可以听到轰隆隆的水声水波急溅，激起百丈水柱，形成腾腾雾气，真有惊涛拍岸、浊浪排空，其声、其势、其景，动人心魄。

"十里龙槽"是瀑布向源侵蚀切割的结果，全长4200米，两侧中生界砂岩高15~20米，是全黄河最狭窄处。在河道约束下，河水奔腾咆哮，浊浪翻滚回旋，气势磅礴。

瀑布上下基岩上，到处可见水流冲蚀槽及大大小小流水携带

沙砾的掏蚀圆形坑，这便是著名的"石窝宝镜"：强烈的河流旁切作用，将原来岸边山体硬切成河心岛，上方的叫孟岛，下方的叫葫芦岛。

壶口瀑布的形成与当地的地层、构造、气候和水文等自然地理因素条件有关。

壶口一带出露的基岩主要是三叠系纸坊组，上部为紫红色、紫灰色和灰绿色细砂岩与泥质岩类互层；下部为厚层砂岩、薄层砂岩、泥岩类岩石。

页岩比较发育，因而河谷中的岩层软硬交替，使流水的侵蚀作用得以加剧。

壶口瀑布形成的最主要原理是由于印支运动作用结果形成的两组节理，一组为基本顺河水流向发育，另一组为跨河发育的。此外，沿着这两组节理，在瀑布的孕育段、形成段及消亡段也出现过一些断层。

由于在壶口及其孟门山以南的地层倾角很小，节理发育，断层偶见，地层又相当水平，所以，它们易于被构造作用切割得支离破碎。所以说，壶口瀑布的形成是节理断层发育和河水的强烈切割下蚀两大因素所致。

黄河壶口瀑布的地质遗迹类型是：

瀑布有主瀑一处，即壶口瀑布；侧瀑两处，在丰水期尤为壮观。河的各支流水系瀑布共有32处，有些沟中甚至形成八处之多。

涡穴分布较广，经后期剥蚀、残留的群体在景区约有30多处，高度从海拔450~500米。河床基岩有受激流冲蚀形成的波状冲蚀凹槽，凹槽多存在瀑布发育地段，保留完好的有七处。

河心岛是由于在水流的作用下，沿节理面使较硬的岩块肢解

式沟通后，呈岛状分布。较明显的有两处，即孟门山和离堆山。

侵蚀台地分布于峡谷的两侧，西岸较狭窄，东岸较宽广平坦。谷中谷又称龙槽，北起瀑布，南至孟门山。侧蚀洞穴是在河槽岩壁两侧出现的凹槽不规则状洞穴。

悬谷是在黄河两侧的某些支流谷口，由于节理或断层面横切谷口而形成的悬在岩层壁面上的谷口。节理群发育普遍，成群分布，较典型的约有20多处。

动植物化石遗迹散布多处，其中集中连片的古生物二趾兽化石群一处。黄河壶口瀑布地质遗迹的价值是：

壶口瀑布地质遗迹具有典型性，其特有的侵蚀型、潜伏式黄色瀑布属世界罕见。公园内地质遗迹类型齐全，遗迹清晰，规模大，具有很强的典型性、科学性和观赏性。

壶口瀑布地质遗迹属世界上唯一的特殊地质遗迹，大峡谷中

的谷中谷遗迹，其成因十分特殊，在国内外均属少有的遗迹。

园内地质遗迹保存完好，基本保持自然状态，极少受到人为的破坏。园内各种地质遗迹现象丰富多彩，保存完善，系统而完整地反映了黄河壶口瀑布生成、演化的完整过程。

壶口地质遗迹的形、声、色、光，给人以强烈的美的感受，具有极高的美学价值。

壶口在地学和生态学等方面，具有极高的科学价值和观赏价值，其利用潜力大，可以建立壶口科学研究中心和地质博物馆，对研究黄河发育史、黄土生成、演化等问题，具有重要的科学理论价值。

小知识大视野

在壶口两边的石岸上，分布者着无数个大小不一，形状各异的石窝。石窝是由河水长期冲击石岸，盘旋琢磨河床凹处而成，所以多呈圆形，由此可见自然的造化之力。

民间相传，这些石窝乃是当年大禹治水时留下的马蹄踪，故又称"石臼仙踪"。其实这些石窝水洼并非人工所凿，而是经过洪水激流数千年来冲击石块盘旋磨蚀而成，因此，每个坑从坑沿到坑壁都光滑无比，而且每个石窝里都有一个圆形石头。

明代有人作诗赞说："河底有天涵兔影，山间无物掩蟾光。因其孟门开宝镜，嫦娥向晚理残妆。"

江南第一山——天柱山

　　天柱山又名皖山，安徽省简称"皖"由此而来。天柱山属花岗岩峰丛地貌，地质遗迹丰富。天柱山在长江北岸、安徽省潜山县境内，其主峰高耸挺立，如巨柱擎天，因而称为天柱峰，山也因此而得名。

　　天柱山过去还有潜山、皖山、万岁山的称呼。据说，称万岁

山是因公元前106年汉武帝南巡时，亲临皖山设台祭岳，敕封皖山为"南岳"，因此它又被誉为"江南第一山"。

又因该山春秋时为皖国封地，山名皖山，水名皖水，安徽省简称"皖"即源于此，所以天柱山又称为安徽的"源头山"。

天柱山有42座山峰，山上遍布苍松、翠竹、怪石、奇洞、飞瀑、深潭。

《天柱山志》称其"峰无不奇，石无不怪，洞无不杳，泉无不吼"，可见其自然景色之奇绝。

谷口前潜水碧波荡漾，后依天柱群峰。这里林木葱茏，环境清幽，李白、苏东坡、王安石等文人骚客都曾在此题诗，现仍保留有"诗崖"胜迹。王安石所题诗文为人盗取，至今"诗崖"上仍有不少处露出四方形凿坑，让人惋惜。

天柱峰如擎天巨柱，雄伟壮丽，气势非凡。在天柱峰前正面崖壁上，有"孤立擎霄，中天一柱"八个大字，横书其上，"顶天立地"四个大字直书其下。其气魄宏伟，令人惊叹。天柱峰

左、右侧有飞来、三台两峰相峙，更显得气势磅礴。

唐代诗人李白路过宿松长江江面时，望见天柱峰的雄奇壮丽，放声高歌："奇峰出奇云，秀木含秀气。清冥皖公山，巉绝称人意。"

白居易也曾咏叹："天柱一峰擎日月，洞门千仞锁云雷"。

宋朱熹大发感叹："屹然天一柱，雄镇翰维东。只说乾坤大，谁知立极功。"

清李庚也赞叹说：

> 巍然天柱峰，峻拔插天表。
>
> 登跻犹未半，身已在蓬岛。
>
> 凭虚举鸾鹤，举步烟云绕。
>
> 天下有奇山，争似此山好。

天柱峰又叫朝阳峰，屹立在群峰之上，太阳一出地平线，最早的一缕阳光便投到峰尖，最晚一束阳光也在峰尖收散。这里一天都朝阳，全年多不见。因江淮多云雾，主峰约有一半时间在云雾里。

天柱山又叫司命峰。天柱山是道教名山，称为第十四洞天、五十七福地，属司命真君管辖，主峰故称司命峰。

飞来峰是天柱山的第三高峰，整座山峰为一整块巨石构成。峰顶有一石长约3丈有余，围长30余丈，高丈余，浑圆如盖压在顶峰，似从天外飞来，石称"飞来石"，峰因石名。峰顶的飞来石，像一顶华冠端端正正地戴在峰顶。

传说天柱山在26亿年前是一片茫茫无际的西海，西海里许多蛇妖鳖精在兴风作浪，扰得民不聊生。后来太上老君路见不平，运用法力从东海龙王处借来一块镇妖石压在飞来峰上，用来镇妖。

　　飞来峰，从南面看，如帽如笠；从北面看，如棋如磨；从东看，如球如拳；从西看，则如牛眠虎卧。飞来峰的西部的石壁上，由于泉水的长期侵蚀，形成一块石鳞斑斑酷似"龙鳞"的斑块。

　　在飞来峰南面的是"宝月峰"，峰顶东西有两个触角状的巧石，中间平躺着一块方桌状的石板，两块巧石像两位老者各自向后微微倾斜，好一幅悠闲自得的神态。从东向西望，该峰似一弯新月挂在蓝天。真可谓移步换景，妙趣横生。

　　炼丹湖在我国名山中可以和天山"天池"、长白山"天池"相媲美。它水质清澈、碧绿如玉，四周群山罗列，环境幽雅，天晴无风，湖如明镜，蓝天白云，映入其中。其四周群峰、苍崖青松也倒映其中，如锦如织，给这平静的水面增添了无限的生机。

　　微风徐来，湖水荡漾，波光粼粼，这里又是一番景象，泛舟其上，如入瑶池。

在"炼丹湖"平静的水面之下，原来未修湖以前，称"良药坪"，又叫"上炼丹"。汉末名道左慈曾在此采药炼丹，现在的"炼丹湖"名即来源于此。

左慈当年炼丹住过的炼丹房与炼丹起炉的炼丹台还在。在炼丹台举目四望，西关群峰，历历在目，飞来如坠，宝月如锡，衔珠欲坠，天柱在望。狮峰耸于左，青龙背横于右，登仙打鼓诸峰在其东，麟角、覆盆、迎真诸峰峙其南，远瞻近瞩，可尽天柱一山之胜。

天柱山的千年古松不下万棵，尤以"十大名松"最具特色。作为群松之首的天柱松，又被称作"天柱松王"，它屹立于绝壁之上，扎根于石缝之中，下临万仞，上逼蓝天，刚直挺立，确有不可一世之概。

探海松用其弯曲的躯体，伸出长长的手臂，去探秘浩渺的云

海。五妹松、虬龙松、双掌承露、鹰松、舞女松等，千姿百态，婀娜多姿。

天柱山的景点中，最具特色的莫过于神秘莫测的洞府了。这里有知名洞府53处，而且多聚集在千米以上的主峰景区。它们叠石天成，自然成趣。如马祖道一修炼的嘉平馆，大宋顾柬之宿过的柬之洞，迎真峰上的迎真洞等。但规模最大、结构最为奇特的洞府应首推被誉为"全国花岗岩第一秘府"的神秘谷，由峰巅坠下的巨石，无序叠置于峡谷之中，便形成了这神秘的洞穴。

该洞穴分逍遥宫、迷宫、龙宫三大部分。神秘谷从狭窄陡峭的洞口而入，左右环绕，上下迂回，时而步道断踪，时而又别开洞天，真是神秘莫测，其乐无穷。

　　"无山不石刻，有刻皆名山。"自古以来天柱山就以其特有的魅力吸引着骚客文人、达官显宦纷至沓来。他们面对如此美景，挥毫泼墨，抒发内心的感慨，于是便留下了这众多的石刻。

　　从石牛古洞至马祖庵，从虎头崖至天柱之巅，从九井河畔至南天门，到处都是古圣先贤们的题刻，而这其中石牛古洞内的山谷流泉摩崖石刻，以其数量之多、密度之大、品位之高和年代之久而列于各景区石刻之冠。

　　在这片不到300米长的石壁上，汇集了唐、宋、元、明、清共300余幅石刻，可谓是诗、词、文、图、赋形式各异，行、草、隶、楷、篆五体俱全，真正是一条艺术的长廊。其中尤为珍贵的是一代改革家王安石和书法宋四家之一的黄庭坚的真迹。

小知识大视野

　　在印度雨季里僧尼禁止外出，以防伤害草木小虫。佛教这一举动感动了菩萨，于是菩萨便赐给世人一种可以说话的草，名字叫热唇草，来感谢世人。

　　有一天，当气子僧人从沙漠回村落途中，他见到一棵草不停地说话，于是他用手摸了摸。当他把手拿开时，发现这草就枯萎了，天上却下起了鹅毛大雪，等到雪停时，僧人已经冻僵了。

　　菩萨为了警告世人，特别是僧人不要对任何事物好奇，要一心修行。于是便把气子的肉身点化为一座海拔1488米高的天柱山峰。

世外桃源——野三坡

野三坡位于我国北方两大山脉太行山脉和燕山山脉交汇处。巍巍太行从这里沿冀、晋、豫边界千里南下，峥峥燕山从这里顺京、津、冀一路东行。

野三坡是我国北方极为罕见的融雄山碧水、奇峡怪泉、文物古迹、名树古禅于一身的风景名胜区。

这里有嶂谷神奇的百里峡、森林繁茂的白草畔、风光旖旎的拒马河、神秘离奇的鱼谷洞和九瀑飞泻的上天沟，总揽了泰山之雄、黄山之奇、华山之险、峨眉之秀和青城之幽。这里既不乏流水的灵动与秀丽，又有着北方山岭的巍峨和连绵，更有苗、壮、傣、白等少数民族

的特色建筑与民俗表演。

野三坡地质遗迹丰富多彩，拒马河水奔腾不息，生态环境原始自然，历史文物稀有珍贵。这里浓缩了太行之情、燕山之华，汇聚了五岳神秀，再现了14亿年来地质演化的过程，传承着中华古老文明。

野三坡是融雄山、碧水、春花、秋叶、瀑布、冰川、奇峡、怪泉、摩崖石刻、长城古堡、名树古禅、高山草甸和空中花园于一体的独特自然风景区。

野三坡雄踞紫荆关深断裂带北端之上，多期强烈的构造运动和岩浆活动留下了一幅幅雄伟的历史画卷。

雄伟、险峻、神奇、幽深的百里峡构造—冲蚀嶂谷和气势磅礴、巍然矗立的龙门天关花岗岩断裂构造及深邃莫测的佛懂洞塔—鱼谷洞构造岩溶洞泉，体现了其内容丰富、类型齐全、典型独特的地址遗迹特点，造就了它峭壁千仞、如箭插天之雄，危崖绝壁、夹涧而立之险。这里真是怪石嶙峋、千姿百态。

野三坡的地址遗迹具有典型性、稀有性和系统性，是华北板

内造山带的典型代表。

此外，野三坡还有完整的地址遗迹，各类不整合面清晰，侵入岩、火山岩、沉积岩、变质岩各类岩石遗迹齐全，异常发育的构造节理、断层、褶皱等构造遗迹突出，山地夷平面、河流阶地各种拟态等地貌遗迹丰富多彩。

野三坡有七大景区，108个景点。这里或峰峦耸立，上临霄汉；或碧翠漫野，幽泉叮咚；或奇岩嵯峨，巍然屏立；或葱郁险峻，妖娆连绵。

春风吹来，野三坡碧草青青，山花浪漫。流连于拒马河边，看山岭之上山桃花如雪如火；徜徉于峡谷之内，感岩壁之中野树嫩草生机无限。更有白草畔景区的冰川杜鹃，银白的冰雪世界之中，杜鹃花迎风怒放，让人不知身在何处，恍惚疑是天上人间。

仲夏时节，骄阳似火，而野三坡却是一个清凉世界，曲折幽深的百里峡内，阵阵轻风裹挟着海棠花沁人心脾的花香。漫步在鹅卵石铺就的小路上，有令人惊叹于大自然雕琢的回首观音、一线天和老虎嘴等壮景。

深秋将至，天高云淡，野三坡群山逶迤，苍莽辽阔，满目之中层林尽染，天越发的蓝，水越发的清，山头微见积雪，山间火红金黄，而山脚下，却依然是绿草如茵。

不仅有野三坡的山水显露着大自然的青睐和天地之间的和谐，更有数百种或大或小、或静或闹的动物穿梭于山林中，飞翔于峰峦间。

野三坡的美是大自然的杰作，这里重峦叠嶂、碧影滴翠、溪流瀑布、山花绮丽、飞禽走兽、峡谷峰林，共同构成了一幅独具风采的生态画面。

野三坡有甲绝天下的峡谷风光，有抚今追昔的怀古幽情，还有来自全国各地的少数民族的表演。表演场上，苗族的上刀山、下火海紧张刺激，扣人心弦。

竹楼上，侗族小伙子悠扬的树叶吹奏清音渺渺，绕耳不绝；看独龙姑娘纺纱织布，一派悠闲的田园风光；听摩梭小伙讲述自己的爱情故

事，让人对遥远的泸沽湖充满神往。

野三坡是古代京都通往塞外的重要关隘，素有"疆域咽喉"之称，为历代兵家必争之地。龙门天关大断壁险胜千重，一夫当关，万夫莫开。峭壁之上，镌刻着历代守关将士的豪言壮语。龙门城堡屹立于两山之间，敌楼、垛口、炮台保存完好。

金华山北侧的长城工程浩大，气势恢宏。设计独特的关城，烽火台，恰如一道铜墙铁壁，蜿蜒于山岭之中，其雄伟壮丽正是万里长城的一个缩影。

金华山南麓的清禅寺，已是千年古刹。寺内保存完好的金代壁画色彩艳丽，形态各异，是不可多得的艺术珍品。寺院周围苍松翠柏，郁郁葱葱，千年银杏树仍是枝繁叶茂，果实累累。

野三坡的突出特点是"野"，景区面积分为百里峡自然风景游览区、白草畔原始林保护区和拒马河避暑疗养游乐区。"雄、奇、险、秀、幽"的奇山秀水中分布着72个景点，这是一个山水泉洞、鸟兽鱼虫、林木花草、文物古迹无所不包、无所不奇的自然风景区。

这里有酷似桂林山水的拒马河风光，形如鬼斧神工的峡谷奇观，幽深奇异的溶洞，神秘离奇的怪泉，谜底难解的金华山，森林蔽日的白草畔。这里还有巍峨的长城，苍劲的摩崖石刻，古老的栈道、庙宇，保存完好的古智人化石和平西抗日烈士陵园。春季山花遍野，夏季清凉避暑，秋季天高气爽，冬季滑冰狩猎。这里民风淳朴，处处呈现出一种人与自然和谐的景象。

小知识大视野

古时有一年大旱，拒马河断流，方圆几十千米的百姓都赶着牲畜到十悬峡驮水。可是山里有一头野牛，也来此饮水，它横行霸道，伤了不少村民。

玉皇大帝知道后，派了一条长须鲇鱼精偷偷躲进湖里。

一天，野牛又来饮水，刚一探头，鲇鱼精竖起长须，紧紧缠住野牛的双角，用力一抻，便把野牛拉进了湖里。因为湖岸特别的陡，野牛的一只犄角被摔断了，后来这犄角顺着峡谷滚落下来并竖在了前面，久而久之就形成了今天的牛角峰。

Z
自然地质景观
Zirandizhijingguan

奇石集萃地——金石滩

金石滩位于辽宁省大连市金州区的东部，这里三面环海，冬暖夏凉，气候宜人。金石滩延绵的海岸线，凝聚了数亿年地质奇观，被称为"凝固的动物世界""天然地质博物馆"有"神力雕塑公园"之美誉。

金石滩奇石馆是我国目前最大的藏石馆，号称"石都"，内藏珍品200多种，近千件。其中的浪花石、博山文石和昆仑彩玉等

均为我国之最。

金石滩的石头比金子还要贵重，因为它是我国独一无二的，世界极其罕见的，地球不可再生的。

金石滩号称"奇石的园林"，大片大片粉红色的礁石、金黄色的石头，像巨大的花朵，分别被称为玫瑰园、金石园。

粉红色的礁石是7亿年前藻类植物化石堆积而成的。玫瑰园方圆千余平方米，由100多块高达数丈的奇巧怪石组成。涨潮时，它们衬着湛蓝的海水，像花儿一样开得格外惹眼。

潮落时，踏着光华如玉的鹅卵石，游人仿佛走进一个梦境般的世界。金石园有10 000多平方米，因为这里的石头都是金黄色，所以称为"金石园"。

金石滩东部半岛植被繁茂，礁石林立，山海相间，景色秀美。诞生于6~9亿年前震旦纪、寒武纪的地质地貌，沉积岩石，古生物化石而今形成了玫瑰园、恐龙园、南秀园和鳌滩等天然景区和近百处景点。各种海蚀岸、海蚀洞、海蚀柱被大自然的鬼斧神工雕琢得千姿百态，神奇瑰丽。

东部海岸景区海岸虽然不长，却浓缩史前9亿~3亿年的地球进化历史。朝海的一面望去，沉积岩石、古生物化石、海蚀崖、海蚀洞，海石柱和石林等海蚀地貌随处可见。

龟裂石像乌龟的甲壳，上面布满了巴掌大的方格，每个方格里面是红色的，边线则成绿色，是闻名中外的金石极品，被称为"天下第一奇石"。

龟裂石形成于6亿年前的震旦纪，是世界上目前发现的块体最大、断面结构显露最清晰的沉积岩标本。还有一些像大象吸水、大鹏展翅、猛虎扑食、恐龙吞海、贝多芬头像等动物的造型石头比比皆是。

当然金石滩不光有石头，还有洁净的沙滩、蔚蓝的大海、碧绿的草地和茂密的森林。

金石滩东部奇石景区是金石滩自然奇石地质景观最集中的地段，共有四大景区88处景点。形象逼真的大鹏展翅、神龟寻子、刺猬觅食和恐龙探海等奇石景观矗立在海岸沿线，惟妙惟肖，栩栩如生，世界地质学界称之为"海上石林"。

玫瑰园景区有石猴观海、猛虎回头、海龟上岸、群鲸登陆、

哮天犬等；龙宫奇景有恐龙探海、贝多芬头像、将军石、相亲石、九龙画壁等。

南秀园景区除龟裂石外，还有大鹏展翅、刺猬觅食、仙人巨肘、枯木逢春、骆驼卧海等；鳌滩景区有神龟寻子、炎黄子孙、层岩叠彩、观音石等。

龙宫原是大海深处，后来由于地壳变迁，形成了海的边缘。海蚀溶洞大约有20米高，涨潮时可以行舟走船；退潮时，可以徒步漫游。这里洞中有洞，洞洞相通。

金石滩三面环海，四季分明，冬无严寒，夏无酷暑，海域不淤不冻，属暖温带半湿润气候，有"东北小江南"之美誉。

金石高尔夫俱乐部位于东部半岛，三面环海，一面依山。该俱乐部依山傍海，环境清幽。

我国国际游艇俱乐部位于中心地带南部海滨，这里可进行大

型游艇、海上帆板、海上滑翔伞比赛和海上观光游览。

金石国际狩猎俱乐部位于西部山区，建有狩猎区、小口径步枪射击场、飞碟射击场、彩弹场、射箭场和动物观赏园，可开展多种森林狩猎、射击等娱乐活动。

金石滩跑马场位于国际游艇俱乐部的北侧，设有国际标准的白色木制栏杆、引道及马闸、大看台、小看台、服务楼和停车场等。

金石世界名人蜡像馆位于鲜花大世界东侧，欧式建筑风格，一楼为奇石馆，二楼为蜡像馆，三楼为艺术长廊，有名家书画供人们欣赏。

海水浴场位于金石滩中部，蓝色的海水清澈见底，为辽南最佳海水浴场，是开展海水浴和各种娱乐活动的理想场所。

海滨公园与海滨浴场相连，园内疏林草地，绿草茵茵，鲜花锦簇，雕塑小品与海滨景色如诗如画一般，园内彩色方砖甬道相

连。金石缘公园位于中心大街东侧，园内的石林景观形成于距今6亿年前的震旦纪晚期。长期的海进海退和潮起潮落的变化，使得岩石风化形成了千奇百怪、多姿多彩的石景，似龟似象，这里也被人们称之为海蚀动物园。

小知识大视野

发现王国主题公园坐落在大连金石滩国家旅游度假区中的金石滩黄金海岸上。"发现王国"这名字很贴切，尤其是对初次来此地的人们来说，站在偌大的广场举目四望，那边的身着光鲜亮丽的卡通形象刚夺了你的眼球，这方的腾越翻转的过山车又抢了你的目光；右边的尖叫声引你前去观望的时候，左边又传来了不绝的赞叹声。这里的一切都那么新鲜，一切都值得你去发现。

图书在版编目（CIP）数据

自然地质景观／戚光英编著. —武汉:武汉大学出版社,2013.8（2023.6重印）

ISBN 978-7-307-11183-7

Ⅰ.自… Ⅱ.戚… Ⅲ.地质－自然景观－中国－普及读物 Ⅳ.P942－49

中国版本图书馆 CIP 数据核字(2013)第 199432 号

责任编辑:刘延姣　　　　责任校对:文大海　　　　版式设计:大华文苑

出版发行:**武汉大学出版社**　　（430072　武昌　珞珈山）

（电子邮箱:cbs22@ whu. edu. cn 网址:www. wdp. com. cn）

印刷:三河市燕春印务有限公司

开本:710×1000　1/16　　印张:10　　字数:156 千字

版次:2013 年 9 月第 1 版　　2023 年 6 月第 3 次印刷

ISBN 978-7-307-11183-7　　定价:48.00 元